赏鱼艺术

中国金鱼评鉴

许广彤 ◎ 著

中国轻工业出版社

图书在版编目（CIP）数据

赏鱼艺术：中国金鱼评鉴/许广彤著. —北京：中国轻工业出版社，2024.8

ISBN 978-7-5184-4498-4

Ⅰ.①赏… Ⅱ.①许… Ⅲ.①金鱼—鉴赏—中国 Ⅳ.①S965.8

中国国家版本馆CIP数据核字（2023）第143224号

责任编辑：李　红　　责任终审：李建华　　设计制作：锋尚设计
策划编辑：李　红　　责任校对：晋　洁　　责任监印：张京华

出版发行：中国轻工业出版社（北京鲁谷东街5号，邮编：100040）
印　　刷：艺堂印刷（天津）有限公司
经　　销：各地新华书店
版　　次：2024年8月第1版第1次印刷
开　　本：720×1000　1/16　印张：10
字　　数：380千字
书　　号：ISBN 978-7-5184-4498-4　定价：69.80元
邮购电话：010-85119873
发行电话：010-85119832　010-85119912
网　　址：http://www.chlip.com.cn
Email：club@chlip.com.cn
版权所有　侵权必究
如发现图书残缺请与我社邮购联系调换

211567W2X101ZBW

草种金鱼，也称金鲫，体若金梭，代表鱼种长尾草金，是最早用于蓄水生财的风水鱼。群游嬉戏不但活水，而且催财，是财的象征。

龙背种金鱼，眼睛凸出像龙睛，背部顺滑像蛋种。代表鱼种望天，眼睛翻转瞳孔朝天，有仰望天子之寓意，且表情呆萌令人观之则喜，是喜的象征。

笔者多年来潜心于金鱼文化和金鱼美学研究：搜集整理大量中国金鱼古籍文献，通过拍摄金鱼文化纪录片、科普宣传片的契机赴全国各地渔场调研考察，多年连续担任中国金鱼大赛和世界金鱼大赛评委并汇总研究历届大赛评审规则。经与中国金鱼品鉴界前辈专家多方求教，与业界学者反复研讨修订，总结形成对中国金鱼的品质划分、品鉴规范的评鉴标准和评审规程。

笔者希望本书能够起到承上启下的连接作用，既延承中国金鱼已有千年历史的品鉴传统，保护各地特色鱼种并使之保持已有的独特魅力，又与时俱进以适应当代大众的审美需求，引导中国金鱼在"色、形、神、名"等各个欣赏层面日臻完美。

本书由郑以墨博士担任美学指导，追本溯源，高屋建瓴。华芷晗负责第一章文字内容的审校。第二章的手绘示意图由笔者与杨玉辉、黄桃花、何永超等艺术家共同创作，以工笔线描形式呈现。第三章的图片由华芷晗、黄忠垚、郭炜等专家拍摄。

本书由田建中先生担任审稿专家，王德良先生、李振德先生、何川先生担任学术顾问。

书中内容如有不当之处，还请读者指出并不吝赐教！

许广彤

2023年8月8日

目录

第一章 清源 1

- 第一节 文化溯源 …… 2
- 第二节 美学传承 …… 15
- 第三节 品系品种 …… 24
- 第四节 金鱼四赏 …… 31

第二章 正本 81

- 第一节 评鉴准则 …… 82
- 第二节 品质等级 …… 102

第三章 图典 105

附录 129

- 附录1 美鱼品赏 …… 130
- 附录2 金鱼赛事评审规程（概要版）…… 133

后记 149

第一章 清源

第一节
文化溯源

金鱼,是中华文明的瑰宝之一。其外形奇特、色彩斑斓,既俊雅高贵,又符合大众审美,被誉为"水中活牡丹"。

金鱼的始祖是赤鳞的野生鲫鱼,是经国人历代改良、千年培育而成的新品种,也是传承了匠心技艺的观赏鱼。其不但是极具人文内涵的科学奇迹,而且散发着生动鲜活的艺术气息。

金鱼或游动在鱼池,或摇曳在鱼盆,或徜徉在鱼缸。有人以它点缀厅堂,有人以它美化庭院,有人以它放生祈福,有人以它纳祥接瑞。金鱼或群游,或独处,或飘逸,或优雅,或舒展,或绰约,或雍容华贵,或憨态可掬,或眼面俊秀,或尾鳍飘摇,全方位符合国人精致高雅的美学追求(图1-1-1)。

"金鱼"一词最早出现在南北朝时期,任昉在《述异记》下卷中收录了一则

图1-1-1 金鱼

金鱼神的故事:"关中有金鱼神,云周平二年,十旬不雨,遣祭天神,俄而生涌泉,金鱼跃出而雨降"。传说中的金鱼具有极强的神异色彩,有着行云布雨的能力。

在"金鱼"这个命名还没有正式规范之前,古人一般把体色变异的鲫鱼称为"金鲫鱼"或"金鲫"。这一称谓延续至今还广泛流传于浙江嘉兴、杭州等地。

《七修类稿》中记载:"金鱼……始于宋,生于杭"。南宋时期,皇家园林水系中开始饲喂金鲫鱼用以观赏。至南宋末期,养鱼人为了区分品种和花色,开始给金鲫命名,例如:黑白相间、色彩明亮鲜艳的称"玳瑁鱼"。在各种金鲫名称中,"金鱼"一词开始频繁出现,但还不是主流名称。

明代中期,民间普遍以盆缸等小水体环境赏养金鲫鱼。盆养金鲫鱼由于活动空间变得狭小,所以身形逐渐变短,游动速度也变慢,进而引发了形体、器官的急剧变异。例如:纺梭形金鱼的身形演变为蛋圆形;眼睛凸起;背鳍退化或消失;尾鳍出现多尾现象;花色变得颜彩纷呈。这时的金鲫鱼与祖先发生了巨大差异,已经不能再称为"鲫"了。于是,出现了"玳瑁鱼""火鱼""五色鱼""斑鱼""文鱼""朱砂鱼"等多个称谓。

至明崇祯年间,各色金鲫鱼统称为"金鱼",并沿用至今。"鱼"字的演进见图1-1-2。

图1-1-2 "鱼"字的演进

梳理千年演进历史，中国金鱼大体经历了善缘于宗教、尊崇于皇权、福兴于民间共三个阶段，即"善""尊""福"（图1-1-3）。

善　　　　　　　　尊　　　　　　　　福

善缘于宗教　　　尊崇于皇权　　　福兴于民间

图1-1-3　金鱼经历三个阶段

一、善——仁善和正

爱心、善心、耐心、恒心、静心、童心，养金鱼就是养心性。

中国金鱼的赏鉴，融合了中华传统文化观念，也是爱心的产物，体现着仁善之心、怜爱之心（图1-1-4）。

（一）仁善之心

金鱼赏养最初是人们善心的结晶，缘起于佛教的放生活动。佛教以善念育成了当今美轮美奂的观赏金鱼，并催生了博大精深的金鱼文化。所以，金鱼是体现国人爱心的礼物。这也是我们饲喂金鱼时源自内心的善念、观赏金鱼时发自内心喜爱的情感源泉。

（二）怜爱之心

金鱼是在中国传统文化背景下被创造出来的观赏鱼类，自诞生之日就注定无法独活，也不能回归自然。因此，金鱼对人的依赖是全方位的，由此也激发了人们的被需要感和怜爱之心。

图1-1-4 中国金鱼（水墨画）

二、尊——荣尊贵禄

金鱼兴盛自宫廷，自古就是中国人尊崇的吉祥国粹，养"金鱼"就是养"金玉"。

（一）尊贵的象征——宫廷金鱼

一千年前的宋代，宋高宗赵构就修筑德寿宫，并凿池蓄水赏养金鱼。作为尊贵的皇家伴宠，金鱼畅游碧水之间，育成雍容奢华的高贵气质（图1-1-5）。

南宋中期，在宫廷的影响下，权贵阶层纷纷效仿，大肆兴建私人鱼池。一时间金鱼成了园林、寺庙不可或缺的高端观赏鱼，以致"杭州等地园亭遍养玩之"，而且"里中宽豢之角胜为博戏"，互相攀比谁的鱼品相更好。这一情境在

《梦粱录》中有所记载："金鱼有银白、玳瑁色者……豪贵府第宅舍，沼池畜之。"

明朝时，每年举办"社会"，从民间征集奇珍异宝，其中的精品金鱼专门进献给皇帝品鉴。宫廷金鱼成为皇家专享的尊贵圣物。

明神宗朱翊钧的案头就放置鱼浅有专人每天从室外的鱼池或鱼盆中挑选一尾金鱼，请进室内的鱼浅，以便神宗随时赏玩。神宗在处理公务的休息间歇，也背手围着鱼浅品赏金鱼，不但放松眼睛，还愉悦心情。每天换一尾，天天如此。这一情景收录于《谷山笔尘》中："东一室，乃上所游息。一日，同二三讲臣入视，见窗下一几，几上设少许书籍，又一二玉盆，盆中养小鱼寸许，上所玩弄也"。值得一提的是，现在的圆形玻璃小鱼缸就是从古代鱼浅传承而来的（图1-1-6）。

图1-1-5　赵构赏鱼

图1-1-6　鱼浅

清代，不但在皇宫的园林水系投放金鱼，还在室内盆缸中赏养金鱼，并且设立官职，任命鱼把式专门管护。甚至在圆明园修建"坦坦荡荡"、在延禧宫建造"灵沼轩"专门培育金鱼，培育出的宫廷金鱼可谓琳琅满目、雅艳兼收。此后，这些金鱼品种逐渐传到民间。如图1-1-7所示为延禧宫灵沼轩及在此举办的金鱼主题展。

图1-1-7 延禧宫灵沼轩金鱼主题展

（二）通天的象征——鱼跃龙门

传统文化中，鱼有灵性，"鱼跃龙门，过而化龙"的神话传说，最初专指中举、升官等大喜之事，后又延伸出逆流前进、奋发向上之意。流传至今又衍生出事业有成、梦想成真等美好寓意，表达了人们对美好生活的向往（图1-1-8）。

图1-1-8 鱼化龙图

(三）丰裕的象征——年年有鱼

古人讲究"有图必有意，有意必吉祥"。"鱼"与"余"同音，代表丰裕、富足（图1-1-9）。

(四）财富的象征——金玉满堂

传统文化中，"金"代表了财富，寓意财源滚滚。"鱼"谐音为"玉"，玉不但是高贵与高尚的化身，还是财富和权力的象征。"金玉"又泛指珍宝，比喻华美贵重。因此，"金玉满堂"形容极度富足（图1-1-10）。

图1-1-9　"有余"茶盘

图1-1-10　财富的象征——金玉满堂

（五）财富的象征——蓄水生财

我国古代建筑以木质结构居多，在天井和庭院安放水缸、鱼盆可以起到储水灭火的作用。水体中放养几尾金鱼，不但可以提高观赏价值，还能改善水体环境、清洁水质、吞灭蚊虫。正所谓"水清则鱼健，鱼跃则水活"，所以养金鱼其实是在养水。

另外，在传统文化中"水"是吉水，向来备受推崇，人们认为"得水为上"。水不但是生命之源，而且能流动汇集，因此中国传统文化中的水是财的象征。这是因为财的实物媒介是钱，钱有进有出，具有流通属性，从抽象的形态上像水一样可流转、流动、积存。管理钱财的方法就像管理水一样，要开源节流、储盈补亏、点滴积累才能财蓄丰厚（图1-1-11）。

图1-1-11 财富的象征——蓄水生财

（六）身份的象征——紫服金鱼袋

鱼袋是唐朝官员佩戴的彰显身份之物。三品以上穿紫衣者佩戴金饰鱼袋，内装鱼符，此即为"章服制度"（图1-1-12）。

图1-1-12 紫服金鱼袋及鱼符

三、福——吉瑞福康

金鱼吉祥优雅，也象征着吉瑞福康。

中国有福文化，福是什么？福者佑也，就是上天赐给我们的好事。汉字甲骨文中，"福"字就是一个人跪在地上，手里端着酒坛子向祭祀台上的容器中倒酒，向上天祈福（图1-1-13）。

福还有具体的指标，那就是"福、禄、寿、喜、财"，这五福是中国传统民俗中最美好的吉祥祝愿。

（一）福祉的象征——五福齐聚

中国金鱼分为"文种、龙种、蛋种、龙背种、草种"五大品系。金鱼五品系与民俗五福对应融合，就更加鲜活生动。

福——福泽人间。对应文种金鱼，象征平安、祥和、美满；文种的代表鱼种是鹤顶红金鱼，其顶茸方正厚实，色彩鲜艳如红宝石，有鸿运当头的祥瑞寓意。

禄——高官厚禄。对应龙种金鱼，象征高贵、权力、正义；龙种的代表鱼种是龙睛蝶尾金鱼，其因眼睛膨大外凸神似"龙"而得名。龙代表皇权，具有至高无上的地位和权力。龙种金鱼代表了最高的官爵和俸禄。

寿——寿比南山。对应蛋种金鱼，象征福寿安康；蛋种的代表鱼种是福寿金鱼，

图1-1-13 "福"字甲骨文

名中带寿；另一种寿星金鱼顶茸发达，头面与大脑门的寿星神似，寓意健康长寿。

喜——喜事临门。对应龙背种金鱼，象征吉祥喜庆；龙背种的代表鱼种是望天眼金鱼，其眼睛翻转，瞳孔朝天，表情呆萌，令人观之则喜。望天眼金鱼还有仰望天子之寓意。

财——财运亨通。对应草种金鱼，象征钱财富足。草种金鱼在民间被称为金鲫鱼，其保留了金鱼更多的始祖形态，也是最早被用来蓄水生财的风水鱼，尤其适合在室外鱼池等大水体环境中群游嬉戏，不但活水，而且催财。草种的代表鱼种是长尾草金鱼。

金鱼五福，是富有吉祥寓意的中国传统文化。这也是中国人喜欢金鱼的原因（图1-1-14）。

图1-1-14 福祉的象征——五福齐聚

蛋

蛋种金鱼背部光滑无鳍，身体肥圆似卵，代表鱼种兰寿。不但名中带寿且顶茸发达，头面与大脑门的寿星神似，寓意健康长寿，是寿的象征。

龘

龙背种金鱼眼睛凸出像龙睛，背部顺滑像蛋种代表鱼种望天眼睛翻转瞳孔朝天，有仰望天子之寓意且表情呆萌令人观之则喜，是喜的象征。

草

草种金鱼也称金鲫，体若金梭，代表鱼种长尾草金，是最早用于蓄水生财的风水鱼，群游嬉戏不但活水面且催财，是财的象征。

图1-1-14 福祉的象征——五福齐聚（续）

（二）和美的象征——天棚鱼缸石榴树，先生肥狗胖丫头

在明清时期的北方地域，宫廷金鱼"游"出皇宫，逐渐普及于民间（图1-1-15）。

图1-1-15　四合院中的天棚鱼缸石榴树

在北京，有句俗语："天棚鱼缸石榴树，先生肥狗胖丫头"。其生动地描绘了生活富足、衣食无忧的悠闲生活状态。人们在四合院中搭起凉棚遮阴，庭院中栽种石榴树等绿植，其间错落摆放大小鱼缸，投入几尾姿彩艳丽的金鱼，或闲谈，或品茶，或围坐，或俯瞰，绿苔、清水、美鱼，图画一般的美景让人心旷神怡（图1-1-16）。

（三）圆满的象征——金童玉女

在民间，"金"代表不惧火炼，一般用于男性，谓之"金童"。"玉"代表冰清玉洁，通常用于女性，谓之"玉女"。《金玉满堂》是杨柳青木版年画的代表作，图中金

图1-1-16　《天棚鱼缸石榴树》（绘画）

鱼健康活泼，金童玉女聪明伶俐，表达了人们期盼儿女双全、人丁兴旺、生活幸福的美好愿望（图1-1-17）。

（四）爱情的象征——鱼戏莲

汉代民歌《江南》，"江南可采莲，莲叶何田田。鱼戏莲叶间，鱼戏莲叶东，鱼戏莲叶西，鱼戏莲叶南，鱼戏莲叶北"。以"莲"谐"怜"，象征爱情，以鱼儿戏水于莲叶间来暗喻青年男女在劳动中相互爱恋的欢乐情景（图1-1-18）。

图1-1-17 《金玉满堂》杨柳青木版年画

图1-1-18 "鱼戏莲"图

第二节　美学传承

金鱼代表了中国人的生活美学，这种美最大的特点是有生命的美。金鱼号称游动的艺术品。

从艺术角度看，金鱼传承的是中国古典美学。从文化角度看，金鱼融合的是中华美学精神。

一、传统美学

金鱼之所以成为吉祥国粹，一个很重要的原因就是它涵盖了多种审美元素，是中国传统美学的集大成者（图1-2-1）。

金鱼更有区别于其他所有艺术品的特有属性——生命，它是"活的艺术品"。

金鱼之美，是综合的、多角度的，也是全面的、立体的，是以"色、形、神、名"四个角度综合考量的。

（一）中国古典美学

1. 色彩美

金鱼体色色质纯正、色彩鲜明、色泽光润（图1-2-2）。

图1-2-1　轻声呼潜鳞——鱼掀云影

赏心悦目之余，还有祥瑞的寓意，如：红色代表吉祥喜庆，紫色象征高贵典雅。

2. 外形美

金鱼形体均衡、比例协调、鱼姿挺拔，有雍容高贵的典雅气质（图1-2-3）。因此，金鱼是中国传统美学形象的集大成者。

3. 特征美

金鱼不但各品系特征显著、各品种差异明显，而且个体特征也非常突出，每条金鱼都具有极佳的识别性，这也是其与其他观赏鱼最大的区别（图1-2-4）。

4. 静态美

金鱼在静态时，身尾平衡、四尾张开，胸鳍轻轻划动，顾盼生姿，展现的是沉稳、典雅的中国古典高贵气质（图1-2-5）。

图1-2-2　金鱼的色彩美

图1-2-3　金鱼的外形美

图1-2-4　金鱼的特征美

图1-2-5　金鱼的静态美

5．动态美

金鱼在水中游姿平稳、沉浮自如、鳍条舒展、动作协调、姿态优美，不疾不徐，款款而动。其不但风情万种，而且尽显"水中仙子"的迷人风采。这散淡松弛的情调，寄托的是国人千年以来梦寐以求的安闲舒适的生活理想（图1-2-6）。

6．名称美

国人对金鱼命名是充满诗意的，极富传统文化内涵，对金鱼的艺术之美起到画龙点睛的作用，如"鸿运当头"（图1-2-7）。

（二）中华美学精神

1．人文之美

金鱼之美，是由上至宫廷、下至民间，大至渔场、小至家庭的全民参与改造的结晶，是大众集体创造的社会产品。因此，金鱼之美涵盖中华传统文化、艺术、思想，符合了最多人的审美需求，是真正意义上雅俗共赏、天人合一的人文之美（图1-2-8）。

2．融合之美

中国金鱼传播至世界各地，与他国文化、文明熔融一体之后，演变出新的美，再重新回归

图1-2-6　金鱼的动态美

图1-2-7　金鱼的名称美

图1-2-8　金鱼的人文之美

图1-2-9　金鱼的融合之美

本土并交汇凝聚。例如,中国福寿金鱼就是中国蛋种虎头金鱼输出到日本,由日本养鱼人改良成为日本兰寿金鱼,再引种回中国继续优化而成。随着交流融合的持续深入,全世界范围内的金鱼取长补短、择善而从,金鱼之美越加完美(图1-2-9)。

二、生活美学

养金鱼其实是在养心。金鱼悠闲自在、儒雅高贵,代表的是一种田园牧歌式的生活状态。赏金鱼不但让人平心静气、冷静理智,而且可以怡养心境,陶冶情操。

(一)闲适的象征——于非鱼安知鱼之乐

在封建社会,君主体制下的文人士大夫,为了实现政治抱负,在官场互相倾轧,但是不得志者居多,于是远离是非,选择归隐。而在传统文化中,鱼代表自由，它们融于自然，逍遥自在，不为世俗所累，其生存状态是古代文人所向往的。

《庄子·逍遥游》中所描述的鲲化身为鹏，不但气势磅礴，而且自由逍遥。在《庄子·秋水》篇中还记载了发生在庄子和惠子之间著名的"濠梁之辩"，不但留下了"子非鱼安知鱼之乐"这一充满哲理的千古名句，还说明了当时的人们向往像鱼在水中自由嬉戏般的从容生活状态。在这场著名的辩论中，惠子是逻辑思辨的胜利者，庄子却是生活美学的胜利者（图1-2-10）。

（二）雅趣的象征——安闲逸趣

古人很早就开始品享赏鱼的雅趣，《诗经》之《小雅·鱼藻》："鱼在在藻，有颁其首。王在在镐，岂乐饮酒。鱼在在藻，有莘其尾。王在在镐，饮酒乐岂。鱼在在藻，依于其蒲。王在在镐，有那其居"。在诗人的笔下，群鱼在水藻丛中游玩，鱼体丰肥轻摇慢摆，鳍条舒展随波摇曳。雅士临水品赏，鱼群游水嬉戏，人鱼共欢，构成一幅安闲的鱼藻情趣图。

在传统文化中，通常以"琴棋书画"四艺来衡量一个人的文化素养与之对应，评价一个人是否有生活情调，就要以"花鸟鱼虫"来衡量。自宋代以来，金鱼就是国人生活中的重要成员。有钱人家开挖池塘、垒石造景，要投放金鱼。寻常百姓家

图1-2-10 "濠梁之辩"

在房前檐下排摆鱼缸，饲喂金鱼。中国人认为赏养金鱼是一件高雅有趣的事儿。

1．养鱼之趣

金鱼是中国人培育出来的生物奇迹，它的生理结构被改造得只适合悠悠然翩翩起舞，已经不能在自然界里存活，必须要人专门管护照料"衣食起居"。还要定期换水保持水质以免生病。人们既要保证金鱼居住在光线充足的窗前檐下，又要遮阴纳凉以保持水温适宜，虽然辛苦但却乐此不疲。尤其是喂鱼，就连蹒跚学步的幼童，见到金鱼都会投喂。鱼粮入水，金鱼争抢大快朵颐，人们笑容洋溢，感觉比自己吃饭都香，这是奉献爱心的乐趣（图1-2-11）。

2．赏鱼之趣

赏鱼，古人称为观鱼之乐。清乾隆御诗中就曾写道"凿池观鱼乐，坦坦复荡荡"。金鱼是自由自在的舞者，游动起来更是如衣袂飘飘，自带中国传统文化风情。它们像极了古代宽袍大袖的文人雅士，行走坐卧讲究一板一眼，举手投足更要器宇轩昂。可以说，金鱼寄托了中国人对自由和美雅的向往。由此及彼，以鱼咏志，人们观赏金鱼，自然乐由心生（图1-2-12）。

3．培鱼之趣

金鱼的可塑性极强，每一位养鱼人都可以根据个人喜好，把金鱼改造成自己

图1-2-11　养鱼之趣

心目当中最完美的样子。比如金鱼的身形就是养鱼人通过使用小型盆缸限制金鱼的生长，并使之横向发展，再大量投喂饵料，从而使之更加丰肥。接着改造金鱼的尾部形态，使之游动变缓。自此，金鱼游姿越发舒缓飘逸。所以，每一位养鱼人都是艺术家，可以通过培育金鱼创造出属于自己的艺术品（图1-2-13）。

4．伴宠之趣

金鱼是有生命的、鲜活的艺术品。其他艺术品造型虽精美、工艺虽精湛，但是没有生命，不够鲜活。金鱼不但色彩艳丽、鳍条舒展，其静态就已是凝结了中国传统美学的艺术品。金鱼在水中浮潜自如，是天生会表演的舞者。另外，金鱼亲人近人，能与人近距离亲密互动。摸摸水面，金鱼就如出水芙蓉般浮现；敲敲盆沿，金鱼就拖着大尾巴躲进水里，逃得远远的，既好看又好玩儿，是百姓生活中离不开的伴宠（图1-2-14）。

5．怡心之趣

古语云：养心若鱼。说的是颐养性情要平和淡泊，自由无疆。

金鱼口阔而平，不善口舌。体态丰肥，不善争斗。金鱼天生就与

图1-2-12　赏鱼之趣

图1-2-13　培鱼之趣

图1-2-14　伴宠之趣

人为善，专心享受生活，这就暗合了中国传统文化之精髓——和，即和雅、和正、和善、和顺、和美、和义、和安、和惠、和风、和雨。金鱼每天挥动修长的鳍条和宽大的尾巴，摇曳生姿，跳舞给人看。金鱼这种与世无争的姿态带给人们的就是养心怡情的乐趣（图1-2-15）。

因此，清代荣廷在《虫鱼雅集》中写道"鱼岂非益智怡情之物乎"。

6. 识鱼之趣

金鱼分为5大品系，一共有200多个品种，是个让人眼花缭乱的大家族。如果想把每个品种的金鱼学名准确地叫出来，没个三年两载，还真不一定能认全。所以，认识金鱼本身就是一种乐趣。另外，金鱼不但有品种特征，还有个体特征，身形花色差异明显。人们在金鱼群里一眼就能找到自己最喜欢的那条，就跟见到老朋友一样亲切。这是其他"千鱼一面"的原生观赏鱼所不能比的，所以，认识每一种金鱼也是一件让人颇有成就感的趣事（图1-2-16）。

图1-2-15　怡心之趣

图1-2-16　识鱼之趣

第三节
品系品种

金鱼,雍容华贵、姿彩万千,像是水中盛开的牡丹,更是游动的艺术品。

金鱼自野生鲫鱼源起,至草种而成型,并由文凤、龙睛、蛋形演化而来。

金鱼依据外部形态的异同和亲缘关系的远近划分为五大品系,至今已经形成拥有数百个品种的大家族。

一、草种

草种金鱼俗称草金鱼,因体形细长,近似鲫鱼,故也称金鲫鱼,是金鱼中最古老的一类。

李时珍在《本草纲目》有云"金鱼有鲤、鲫、鳅、鳖数种,鳅鳖尤难得,独金鲫耐久,前古罕知"。

识别草种金鱼,一看身形,这种鱼俯视看身体扁而长,侧视头尖尾细、背高腹圆,像是织布的纺梭。二看眼型,草种金鱼是正常鱼眼,无膨凸、无变异。三看尾型,无论长短,都是单片尾,分为上下两叶,呈燕尾的剪刀状,这是草种金鱼的独有尾形。其他品系金鱼均为三尾或者四尾。

草种金鱼中的短尾品种与锦鲤很像。生活中如何快速区分草种金鱼和锦鲤呢?这就要从这两种鱼的生物学属性谈起。锦鲤是从鲤鱼演进而来的观赏鱼,属鲤科。鲤鱼一大特征就是有胡须,嘴边长着一对儿吻须和一对儿颌须。草种金鱼是从鲫鱼演进而来的观赏鱼,虽同属鲤科,但是鲫属。也就是说它还是鲫鱼,鲫鱼是不长胡须的。所以,长胡须的是锦鲤,不长胡须的是草种金鱼。

草种金鱼的"草"字从何而来呢?草种金鱼本名为金鲫鱼,之所以俗称草种金鱼,是形容这种鱼在园林水系中随处可见,像野草一般漫野生根,遍地生长。而且草种金鱼皮实耐活、适应力强,又像草根一样生命力顽强,春风吹又生。另外,草种金鱼低值廉价,带有低微平凡、普通无奇之意。所以,"草"字多少带有贬损、鄙视的味道。

在北方人看来,名贵金鱼才叫"金鱼",不值钱的草种金鱼是"金鱼儿"。这个"儿",本来是形容事物的小、嫩、轻、细,比如:天真可爱小女孩叫小丫头儿,透着那么喜兴。但是草种金鱼的儿化音,语气中透着轻蔑和不屑。所以,把草种金鱼叫"金鱼儿",就表达了人们综合而且微妙的情感。既轻视又喜欢,是百姓生活中离不开的玩伴儿(图1-3-1)。

图1-3-1　草种金鱼

二、文种

文种金鱼神似汉字中的"文"字,其由此得名。

文种金鱼俯视角度欣赏,头是一点,平展开的前胸鳍连成一横,铺陈开的四叶尾鳍像是一撇一捺,像古籍中的"文"字。我们知道,中国的很多汉字都是象形文字,而文种金鱼的命名,却像是象形文字的逆运算。这让我们不得不佩服老祖宗的想象力,给金鱼起个名字都那么有文采。尤其这一撇一捺的四叶尾,不但形象,而且传神(图1-3-2)。

图1-3-2　文种金鱼

文种金鱼是金鱼界的"元老"品种，大约出现在五百年前的明代中期。之前一千多年的时间都是草种金鱼独霸江湖。文种金鱼的出现，像是丑小鸭变白天鹅，把原生态的草种金鱼华丽升级成更有观赏价值的名贵金鱼。

　　从三个方面识别文种金鱼。一看鳍，文种金鱼是有背鳍的；二看眼，文种金鱼的眼睛基本为正常眼型，不变异；三看尾，文种金鱼的尾鳍一般为四叶尾，很好看。

　　文种金鱼品种众多，在生活中也很常见。头部隆起，像顶着大帽子的，是高头金鱼。顶茸发达包向两颊，双眼陷于其中，威风凛凛像雄狮的，叫狮头金鱼。鳞片粒粒凸起像珍珠的，是珍珠鳞金鱼。背峰高高隆起，中日混血的，是琉金金鱼。众多品种身体结构多处变异，再叠加上红、白、黑、蓝、紫五色组合，在全世界范围内就发展成了50多个品种的文种金鱼大家族。

　　文种金鱼的尾鳍大多是四叶尾。与前面我们提到过的草种金鱼差别很大。草种金鱼是单片分为上下两叶的燕尾，这种尾型严格意义上讲不算金鱼。单片的燕尾再复制出一组，成为四叶尾，简称四尾。四尾的文种金鱼，俯视最像汉字"文"的是文种蝶尾金鱼（图1-3-3），这种鱼的四叶尾铺陈在水里像是蝴蝶的翅膀，好看极了。侧视尾叶最好看的是泰国狮头金鱼（图1-3-4），其游动起来大尾巴像是盛开的花朵一样层层叠叠，相当上镜。

　　文种金鱼的名贵品种基本为四尾，个别品种是三尾，比如日本的土佐金鱼。这种鱼尾鳍不但修长宽大，而且向头部翻翘。乍看之下跟文种蝶尾金鱼有些类似，但仔细观察就会发现，这两片尾鳍中间是连在一起的，所以四叶尾就变成了三叶尾。

图1-3-3　文种蝶尾金鱼

图1-3-4　泰国狮头金鱼

在国人眼中，四尾或者三尾才算真正意义上的金鱼。金鱼这么多尾鳍，存在的目的只有一个，那就是"宜赏"。草种金鱼具有燕尾状的双叶尾，其游动迅速，能抢食、逃命，适合野外生存，但是不适合在鱼盆中观赏。于是，古人想方设法让文种金鱼慢慢游水，就把鱼尾培育得又长又宽又软且多，让其朝着敦煌壁画中飞天的造型发展，为的是让金鱼的水中舞蹈再扭捏一点、婀娜一点、飘逸一点。

文种金鱼不但皮实好活，而且雍容吉祥，在民俗五福中代表"福"，是真正的有福之鱼。其中最受追捧的代表鱼种是鹤顶红金鱼，这种鱼体色洁白，泛着银质光泽；鳍条舒展，尾叶宽大；顶茸方正，细密紧实；色彩浓艳，似仙鹤红冠，故名鹤顶红。靠窗备一口鱼盆，不用多，赏养5条，游动起来那真是飘逸洒脱，在碧水青苔的衬托下，像一群仙鹤在草地上翩翩起舞。红顶当头，寓意"鸿运当头"，是妥妥的福鱼（图1-3-5）。

图1-3-5　鹤顶红金鱼

三、龙种

龙种金鱼眼球膨大凸出，神似传说中"龙"的眼睛，故名龙种。

龙种金鱼最早出现在明代末期，最大的品种特征就是眼球膨大凸出，民间一般把这种鱼叫龙睛，由于龙睛的眼球凸出太大，所以视力较差，抢食能力更差。另外，这种鱼一般身形短粗，有背鳍，四开大尾鳍。

龙种金鱼的传统品种有红龙睛、朱砂眼龙睛、五花龙睛球等。其中，墨龙睛金鱼由于通体乌黑,所以被认为是真正的龙的化身。墨龙睛金鱼最主要的观赏点就在眼睛,光是眼型就分为多种:算盘珠眼、大眼、蚕豆眼、苹果眼、葡萄眼、灯泡眼、牛犄角眼等。其中较受欢迎的是算盘珠眼,像是两粒扁圆形算盘珠儿,贴附在头部两侧,观赏性极高,是龙睛上品。

龙种金鱼的典型代表是龙睛蝶尾金鱼,这种鱼诞生于约60年前。虽然培育历史不长,但它实在太经典了,初出江湖就跻身绝世高手之列。龙睛蝶尾金鱼的眼睛大、尾巴大,辨识度极高,几乎成了中国金鱼的标志特征。就连不熟悉金鱼品种的人,也一眼就能分辨。龙睛蝶尾金鱼有蝴蝶一般的尾巴、神龙一样的眼睛,品种特征的观赏性和身形结构的协调性完美结合,前后呼应,珠联璧合。游动起来更是翩翩起舞,像是蝴蝶翻飞,其古风古韵,堪称中式典范,非常适合点缀中式空间,在鱼盆、木海等传统容器中俯视赏养(图1-3-6)。

四、蛋种

图1-3-6　龙种金鱼

蛋种金鱼(图1-3-7)因身短而粗,形如蛋圆,无背鳍,故名蛋鱼。

之所以称蛋种,是因为这种金鱼普遍为呆萌的小胖子,有的俯视胖,有的俯视与侧视都胖,而且光溜溜没有背鳍,像是滚圆光滑的大号鸭蛋,故此得名。蛋种金鱼的总体特征是光背无鳍,眼睛不变异,四叶尾。蛋种金鱼是个大家族,比较常见的鱼种有虎头、国寿、猫狮、丹凤、蛋球、鹅头红等。

蛋种金鱼的传统鱼种代表是虎头金

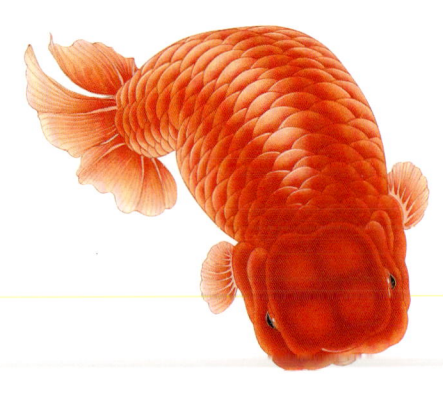

图1-3-7　蛋种金鱼

鱼。既然是虎头，就得虎头虎脑。其有以下特点：一是头型方正，无论头茸多发达，俯视看头型要方正厚实；二是头茸发达，顶茸厚实，鳃茸丰满，要的是虎虎生风的威武雄健之感；三是吻平而阔，虎头金鱼的吻凸明显，但不会过度夸张。虎头金鱼的背幅宽阔、腹部肥圆，显得粗壮，但腹宽不能超过头宽。

由于不同地域审美方式和培育方式的不同，虎头金鱼的头型风格形成三大流派：以北京王字虎为代表的传统虎头，以武汉猫狮为代表的猫狮虎头，以福州寿星为代表的寿星虎头。

虎头金鱼作为传统俯视鱼，经过代代优化改良，基因趋于稳定。在五彩斑斓的体色中，较有识别度的有两种：一是蓝虎头金鱼，周身上下披着一层银光闪闪的金属质感鳞片，有着古代战场上勇士般的威猛感（图1-3-8）；二是红顶虎头金鱼，其周身上下银装素裹，唯独顶茸红艳，犹如踏雪寻梅，更有鸿运当头之美意（图1-3-9）。

大部分蛋种金鱼的背部平顺、尾鳍顺直，各色花斑也主要集中于背部，适合俯视欣赏。可国寿金鱼是个例外，其背弧高、尾巴翘，俯视与侧视都很好看，在室内玻璃鱼缸养一群这样的"小胖子"，绝对会成为全家老小都喜欢的萌宠。

国寿金鱼（图1-3-10）改造自日本的兰寿金鱼，而兰寿金鱼是日本改良中国蛋种金鱼而来。蛋种金鱼起源自中国，早在清雍正年间就已经出现，几十年后传到日本。此后的二百年间，日本养鱼人按照自己的审美把蛋种虎头金鱼改造成更具观赏性的日本兰寿金鱼。之后又引种回中国，继续改良后称为"国寿金鱼""福

图1-3-8　蓝虎头金鱼

图1-3-9　红顶虎头金鱼

图1-3-10　五花国寿金鱼

图1-3-11　虎头金鱼

图1-3-12　红白国寿金鱼

寿金鱼"。目前已成为中国最受欢迎的四大家养金鱼之一。

国寿金鱼之所以大受欢迎，原因有三：一是其为生物奇迹。按理说，背鳍是鱼的重要游水器官，一旦缺失势必影响其行动性。然而神奇的是国寿金鱼虽然没有背鳍，但是游姿却依然保持稳健。而且背弧被改造得更加饱满圆润，堪称生物奇迹。二是其俯侧皆宜。在家庭玻璃鱼缸赏养条件下，国寿金鱼需要兼顾俯视和侧视，在游动状态下要经得起立体的、多角度的欣赏和品评。这也是精品国寿金鱼更受追捧的原因。三是其具有王者之气，这是最重要的一点。国寿金鱼的气质很独特，未成年的亚成鱼肥胖呆萌，但是成年后可以长成18厘米以上的巨寿，其会变得头方背阔，充满雄性力量感。其游动起来更是虎虎生威，具有王者之气。

在初识金鱼的人看来，国寿金鱼和虎头金鱼都是粗壮雄浑的风格，容易混淆。俯视角度下，这两个金鱼品种确有相似之处：都是蛋种，光背无鳍，头茸发达，同样头方背阔尾桶粗，让人难以辨别。但是养过这两种金鱼的鱼友都知道，俯视欣赏，虎头金鱼（图1-3-11）头身比一般为1∶1.5，属于短身，国寿金鱼头身比一般为1∶2以上，属于中身，而且1∶2.5以上的中长身重心才更平衡，也更容易长成大寿。侧视欣赏，二者的背弧和尾夹角差别巨大。虎头金鱼背平尾顺，国寿金鱼弓背翘尾，二者差别一眼就能分辨。所以，虎头金鱼适合在中式空间以传统鱼盆俯视赏养。国寿金鱼兼具俯视和侧视优势，非常适合以超白玻璃鱼缸养在现代环境中多角度欣赏（图1-3-12）。

五、龙背种

龙背种金鱼，其眼球外凸像龙种，光背无鳍像蛋种，兼具两种品系特征。

关于龙背种金鱼最早的准确记载，出现在清代拙园老人的《虫鱼雅集》中："外有龙背鱼，与龙睛一样，只无背刺"。说明龙背种金鱼外形与蛋种金鱼相似，不同处为眼球凸出于眼眶。

发展至今天，龙背种金鱼品种依然不多，只有望天眼金鱼、虎头龙睛金鱼、蛙眼金鱼等。其中，望天眼金鱼比较常见，据说是清宫太监把深缸置于暗处，只在上方开窗进光，鱼眼有趋光性，久而久之，就形成了鱼眼上翻的独特造型，而且望天还有朝望天子的寓意（图1-3-13）。

图1-3-13　龙背种金鱼

第四节　金鱼四赏

清初蒋在雝的《朱鱼谱》就反映了国人独特的审美时尚和情趣讲究。书中总结了评判金鱼各部位器官优劣的"头论、眼论、尾论、鳃论"等共计十四论，还讲解了颜色与色质的赏析、论述了花纹与花斑的艺术性等，全方位对金鱼鉴赏做出详细指导。

而今，品鉴金鱼之美有四赏：赏色、赏形、赏神、赏名。

赏**色** 赏**形** 赏**神** 赏**名**

图1-4-1 《鸿运当头》水墨画

这四赏其实分为视觉和听觉两部分。视觉是指从花色斑纹、外观形态、动静姿态和品种特征等角度去挑选，这是艺术层面的欣赏。听觉是指金鱼不但要有个好听的名字，还得有好的寓意，这是文化层面的欣赏（图1-4-1）。

整体而言，人们品赏金鱼基本是按照从视觉到听觉，从整体到局部，从品种特征到个体特征，这种先宏观再微观的顺序进行的。一般来讲分五步：第一看鱼的体色是否鲜艳；第二看鱼整体是否周正、比例是否均衡、线条是否流畅；第三看鱼的游姿是否协调；第四观察鱼的种系特征是否明显；第五检查鱼体各部位是否有伤病残缺。

不会赏鱼就不会挑鱼。只有学会品评和鉴赏，才能挑选出各方面都完美、让人赏心悦目的精品金鱼。

一、赏色

（一）赏鱼以赏色为首

俗话说：赏鱼以赏色为首。也就是说古人挑选金鱼的第一原则是挑颜色好看的。因为在明代之前，金鱼是养在园林水系里的，池大水深，人站在岸边俯视，一大群金鱼浮潜游动，吸引眼球的一定是体色浓艳、花色独特的那一尾。

所以，生活中如果是用鱼池、泥盆、瓷缸、石槽、木海这些传统容器养金鱼，就一定要先挑颜色，而且要从俯视角度挑选，毕竟传统品种都是自上而下看鱼背的。比如：鹤顶红、鹅头红、王字虎、红顶虎、国狮、丹凤、猫狮、龙睛、珍珠鳞、水泡眼、蝶尾、望天眼等传统金鱼都是俯视才能看懂它们的美。

挑选金鱼的色彩务必注意两点：一是体色要挑浓艳的；二是花色要选独特的（图1-4-2）。

体色浓艳，是指金鱼体表色彩纯正、色质醇厚。无论哪种颜色都要干净、鲜艳、浓郁（图1-4-3）。清代句曲山农在《金鱼图谱》中提出："红忌黄，白忌蜡"，就是要求红就是红，不偏黄，红鱼不能像橘子红似的。白就是白，得泛着银白的光泽，白色不能像蜡烛白似的。当然也有特殊品种，比如软鳞的樱花色（图1-4-4）。

花色独特，是指金鱼体色由两种以上颜色组成，形成造型随机、图案优美的花斑。那些符合大众审美而且寓意吉祥的花斑，更具传统文化价值、中式美学价值（图1-4-5）。

图1-4-2　红白龙睛凤尾球金鱼

图1-4-3　红顶福寿金鱼

金鱼五颜六色，五彩斑斓，该如何挑选呢？

其实，归纳一下就会发现，金鱼体色主要由红、白、黑、蓝、紫这五种主体颜色，以及黄、青灰这两种特殊颜色构成。其中前五种颜色主要是鱼龄达到10个月以上的成鱼体色。青灰色主要是金鱼在幼苗阶段的体色。黄色一般出现在成鱼的头茸上和水泡眼袋上，只有极个别品种的金鱼体色呈黄色。

为什么要强调挑选成鱼体色呢？因为金鱼的色彩非常不稳定，小苗阶段会

图1-4-4 樱花草种金鱼

图1-4-5 包金龙睛球金鱼

"变色",幼鱼阶段会"脱色",只有成鱼阶段的体色相对稳定。但是让人遗憾的是,成鱼的颜值巅峰也只有2~3年,因为到了老鱼阶段会"褪色"。

(二)金鱼单色品赏

单色金鱼要求通体无杂色,从头到尾、从背到腹,连鳍尖和尾尖都不会褪色变浅,这是首要的颜色挑选原则。接下来我们把红、白、黑、蓝、紫逐一展开介绍。

1. 红色金鱼品赏

红色在中国传统审美中是吉祥色,有喜庆、热烈的味道,历来是中国人最喜爱的色彩。在长满绿苔的鱼盆中,游动着几条红艳的金鱼,碧水、青苔、红鱼共同组合成一幅美丽的画卷,赏心悦目。

金鱼的红色由浅到深分为三种。第一种最浅,称朱红。其颜色偏黄,接近橘色。一般是小苗变色、老鱼褪色而成,这种朱红颜色浅,发飘,不耐看,属于三等的红。朱红虽然不是正红,但是在有光泽的硬鳞上也是闪闪发光的,泛着黄金的质感。朱红色如果长在软鳞金鱼体表,就会呈现浓淡浸染的效果,像是落樱漫天飞舞,号称樱花色(图1-4-6)。另外,这种朱红在水泡眼金鱼的眼袋上反而是标准的朱砂泡,是正品。第二种红最正,称大红。这是成鱼的标准体色,在硬质鳞片上红色鲜艳、饱满、有光泽,像是成熟草莓的鲜红(图1-4-7)。第三种红最深,称深红,常见于红头或者红顶品种金鱼,如鹅头红金鱼通体银白,唯独顶茸像熟透的樱桃,色泽深沉且温润如玉(图1-4-8)。再

图1-4-6 樱花凤高金鱼

图1-4-7 红白草金鱼

图1-4-8 凤尾鹅头红金鱼

图1-4-9 王字虎头金鱼

比如王字虎头金鱼，虽然通体红色，但是头茸的红色要更加深沉，才更有美感（图1-4-9）。

古人怎么挑红色鱼呢？明代张谦德在《朱砂鱼谱》中写道："凡辨朱砂鱼，用磁州白盏盛看，若水与盏俱映红者，方是真正朱砂色。或红不能映水，纵鲜红尤是二色"（图1-4-10）。就是要把红色的成鱼放在磁州窑烧造的白色鱼浅中检验（图1-4-11），如果鱼浅内壁都被映红，那就是一等的红。如果只是水被映红，那说明红色不达标，这鱼的体色算不上精品。

2. 白色金鱼品赏

白色在硬质正常鳞片上，一般呈银白色，闪闪发光有金属质感的为上品。反之，暗淡无光像蜡烛的为次品。有时候金鱼银光闪闪的鳞片忽然变得不亮了，那很可能是金鱼要生病了。白色在金鱼软鳞上一般呈洁白的瓷质感，光洁明亮。

图1-4-10　鱼戏莲叶盏　　　　　　　图1-4-11　鱼浅中的金鱼

　　白色是金鱼体色中常见的色彩，可以与任意色彩搭配，能产生清新通透的亮丽效果。以大面积白色做底色，其上分布任意色斑都会被衬托得很醒目。尤其白色与红色搭配称为"红白"，这是最经典的颜色组合。名贵的丹顶、齐鳃红、通背红、十二红等都是红白组合的典范。而且赏养锦鲤的鱼友都知道，有句话叫"始于红白终于红白"，也说明了红白色最永恒。

　　然而，通体白色而没有其他色彩点缀的金鱼，现在一般会作为淘汰鱼。因为很多人把这种纯白色金鱼视为不祥之物。但是清康熙年间的《朱鱼谱》专门记载金鱼的这种纯白体色，称为"鹤翎白"。如果养鱼人"百无禁忌，诸邪回避"，反倒是偏爱这种通体洁白、不带一丝杂色、鳍条舒展、长尾飘飘的传统大尾系金鱼，其就像穿着白色婚纱的新娘子，更纯洁、纯净，更有仙气。

　　现实中，通体洁白只有眼圈红或者嘴唇红的金鱼，因为很俏皮，倒成了稀罕颜色，反而更抢手（图1-4-12、图1-4-13）。

3．黑色金鱼品赏

　　黑色要求浓重、沉厚，就像泼墨一般乌黑，越黑越压得住场，给人一种庄重、沉稳的感觉。黑色金鱼讲究从头黑到尾、从背黑到腹，通体皆黑的才是上品（图1-4-14）。如果实在不好找到，退而求其次的话，腹部呈黑灰色也可接受，但是比较忌讳鱼腹为橙色。当然，有人就很喜欢"铁包金"，即黑色包着红色。其实绝大部分铁包金是金鱼脱色的一个中间过程，因为金鱼的黑色多数情况下颜色不稳定，非常容易脱色、褪色。

图1-4-12　白泰狮金鱼

图1-4-13　红眼福寿金鱼

图1-4-14　墨龙睛金鱼

一般情况下，挑选黑色的金鱼最好选成鱼，成鱼颜色相对比较稳定，颜色保持比较长久。因为小苗、亚成鱼的黑色更不稳定，如果管护手法不得当，黑色很快就变色或脱色了。

黑色的金鱼一般被认为具有挡煞的功效，所以养金鱼的人往往在盆内搭配一条黑色金鱼用以调剂风水。在所有的黑色金鱼品种当中，墨龙睛金鱼的黑色是相对稳定的，而且它皮实好活，是很好的风水鱼。

家养金鱼一般养三条的话就两红一黑，养五条的话就四红一黑，养九条的话就八红一黑。总之养金鱼总条数要是单数，因为单数在中国古代阴阳学说中视为阳数（图1-4-15）。

在家庭的小水体中，金鱼最少养三条，因为三是发数，所谓一生二，二生三，三生万物。一般养五条，五在一三五七九的阳数中居中，是最中正平衡的数，也是老百姓最有福气的数，所以养五条是求五福。最多养九条，九在阳数中最大，是皇家的吉利数，比如九龙壁。就连画家画金鱼也最多画九条，叫《九如图》。

4．蓝色金鱼品赏

蓝色金鱼分两种：第一种是硬鳞蓝色金鱼；第二种是软鳞蓝色金鱼。

硬鳞蓝色金鱼更强调质感，鱼体反射金属光泽的为上品。蓝色不宜过深，

图1-4-15　五条凤高金鱼

图1-4-16　凤尾蓝虎头金鱼

图1-4-17　蓝五花福寿金鱼

过深则接近黑色，从而失去光泽；也不能过浅，过浅则不能持久，容易褪成白色。所以，蓝色的硬鳞要选那种泛着金属蓝光像武士铠甲的，而且不能有杂色（图1-4-16）。

软鳞蓝色金鱼更注重色质，这是一种介于天蓝色和大青色之间的蓝，既不是太鲜艳又不会太暗淡，清爽而通透。软鳞上的蓝色一般和其他颜色共同组成五花色，五彩斑斓。其中，以蓝色为底色的蓝五花色金鱼是正品，最耐看（图1-4-17）。当然这是仁者见仁，智者见智，作者本人更喜欢蓝色主要分布在金鱼背部的这种蓝背金鱼。

5．紫色金鱼品赏

从视觉角度说，紫色是由蓝色与红色混合而成，在中国古代是贵族的色彩，被称为"帝王色",不但代表了高贵,还具有一定的神秘感。金鱼的紫色,分两种:一种称为紫色;另一种称为雪青色。

紫金鱼红色成分更多,体色深的像熟普茶呈褐色;浅的像金属呈古铜色,所以作者本人认为紫色改称"茶金色"可能更形象。当然这是一家之言,在此不做深入探讨,还是按照约定俗成叫紫色吧。金鱼的紫色不能过暗或过浅,过暗饱和度不够就成了板栗色,过浅明度太高就成了金色。

雪青色,其实就是古人对蓝紫色的传统叫法。这种颜色中,蓝色成分更多,而且比较浅,像是阴天雪地上反射的一种淡淡的蓝紫色。这种雪青色,算是比较名贵的金鱼体色。

纯紫色的金鱼,不管是茶金还是雪青,最好是通体无杂色,从头到尾、从背到腹、诸鳍都是紫色(图1-4-18)。紫色可以和蓝色组成紫蓝花,可以和雪青色组成紫雪青,还可以和白色组成紫白花。但是紫色金鱼比较忌讳腹部有橙青色,因为这种鱼大多会褪变成红色,从而降低稀缺感。

6. 黄色金鱼品赏

金鱼的黄色比较特殊,一般情况下只在头茸和水泡眼袋上有黄色,而且都是淡淡的黄色。

发头类金鱼的整个头茸,在顶、鳃、吻上,这种有着半透明玉质感的明黄色很常见,一般人们把这种头茸称为菠萝头,就是形容这种明黄色像菠萝肉质的颜色。如果一尾白色的金鱼,有着菠萝头,而且恰好眼圈还是红色,人们就把它称为玉兔(图1-4-19),还是很生动形象的。

图1-4-18 紫水泡眼金鱼

图1-4-19 玉兔福寿金鱼

另外一种水泡眼金鱼的皮质水泡里盛满淋巴液，呈现一种更加清亮通透的亮黄色，游动起来像是挂着两个小黄灯笼，忽圆忽扁甚是可爱（图1-4-20）。

草种金鱼中，近年市场上出现一种"柠檬草金鱼"，体色呈非常明亮的黄色。经过十几代选育、培养，目前已经稳定成为新品种（图1-4-21）。

需要说明的是，黄色很少出现在四尾或三尾金鱼的身体和鳍条上。可能有鱼友就问了，我见过鳞片金光闪闪的金鱼呀，看起来金黄金黄的。其实这种金色偏向于红，严格来说是橘色或者橙色。可能是不达标的红色，也可能是红色褪色变浅造成的。

（三）金鱼花色品赏

欣赏金鱼体色的第二个原则，是挑选花色，也就是要选择花斑的组合样式。金鱼体色如果是由两种以上花斑组成，细碎的花斑就形成斑点、条状花斑就形成斑纹、大面积花斑就形成斑块。斑点、斑纹、斑块都是自然形成，具有很大的随机性。可以说世上不存在两条花斑完全相同的金鱼。金鱼独特的花斑，体现了汉文化独特的人文精神和审美取向。

挑选花色，应注意两点：一是色彩搭配要协调；二是花斑形状要美观。清代句曲山农的《金鱼图谱》就明确指出："鱼色驳杂不纯者，名花鱼，俗目为癞鱼，不甚珍之"。

色彩搭配，有双色、三色、五花等色彩组成的花斑。双色就是两种颜色的组合，形成的花斑有红白、红黑、黑白、紫红、紫蓝、蓝白等。三色通常指红、白、黑三色组合，而且以白为底色的最好看。五花是统称，是由多种颜色组合搭

图1-4-20　三色水泡眼金鱼

图1-4-21　柠檬草金鱼

配而成，至少包含黑、白、红、蓝四种及以上颜色，其中蓝底五花最耐看。

色彩搭配是个永远没有统一答案的问题，因为每个人都有自己的审美标准，正所谓各花入各眼。但还是有一些基本原则的，比如：①色彩纯度要鲜艳；②色彩对比度要醒目；③色彩饱和度要浓郁（图1-4-22、图1-4-23）。

图1-4-22　花蛋球金鱼

1．红白花色品赏

红白是最经典的色彩组合，因为白色的明度最高，红色对视觉的冲击力最强，也是最热烈温暖的颜色。所以红白组合要求白色纯净、红色鲜艳。

红白搭配，由于白色是无彩色，所以人们更加关注红色的分布。根据部位不同，分为身红、背

图1-4-23　鹤顶红金鱼

红、鳍条红、头红、顶红、眼红、唇红、水泡红等。根据颜色深浅不同，分为头部的深红色、鱼体与鳍条的大红色、水泡眼袋的朱红色三种。挑选的时候要注意：第一种，鱼体与鳍条的大红色要纯正且鲜艳。怎样才算鲜艳呢？之前介绍过，古人是把红鱼放在白色的鱼浅中进行检验，鱼浅内壁被映红的才算达标的红色，这叫"磁州白盏赏朱鱼"。硬鳞金鱼身体上的红不能浅，更避讳偏黄，因为偏黄的橘红色不耐看。另外，有一种鼻部附生的绒球也要求是大红色。第二种，头部深红的，如果通体洁白，那顶红的深红色像樱桃色就好。如果通体皆红，那就要求头部的深红色要像熟透的樱桃那样沉稳，也就是说头部的红要比鱼身的红深沉才行。第三种，朱红色，这是水泡眼袋的标准色彩，其淡雅且温润，叫"朱砂泡"。值得一提的是，若朱红色长在软鳞金鱼体表，反而很耐看（图1-4-24至图1-4-26）。

综上，红白组合要求白色纯净、红色鲜艳。

但是很多养鱼人的红白金鱼，白色暗沉不够明亮，红色发浅发白。造成这种情况有两个原因：第一是金鱼自身体色细胞基因造成的，是先天原因。红色是最常见的金鱼体色，早在一千多年前，野生鲫鱼偶然发生体色变异，就是从青灰色变异成红色的，经过代代培育筛选，红色的基因已经固化。但是，即便是相对稳定的红，在金鱼的一生中也是不断变化的，从小苗的青灰色变色成黄，在幼鱼阶段由黄渐红，成鱼以后红色的鲜艳度达到顶峰，然后三四龄之后红色开始褪白变浅，这种变色规律几乎是不可逆的。所以一尾金鱼的色彩最佳观赏期不过短短两三年，在小鱼和老鱼阶段的颜色就是不够鲜艳的。第二个是人为造成的后天原因。由于养鱼人水平参差不齐，以及气候、水质、水温、光照、饵料、管护、容器等方面的不同，还有养鱼手法千差万别。所以，即便是在成鱼的色彩最佳观赏期，也未必能激活金鱼体色的最佳颜值。

所以，金鱼红色不够鲜艳，变浅褪白反而是常态化的，是多数存在的。

各位鱼友，挑到一尾颜色艳丽且稳定的红白金鱼不容易，且养且珍惜啊！

十二红龙睛蝶尾金鱼是可遇不可求的红白经典，这种金鱼通身洁白，但是

图1-4-24　红白地金鱼

图1-4-25　长尾虎头金鱼

图1-4-26　朱砂泡眼金鱼

机缘巧合的是双眼、口唇、背鳍、双胸鳍、双腹鳍、双臀鳍、双片尾鳍，这十二个部位为红色，红白相配，清爽中透着热烈的感觉，犹如踏雪寻梅。这十二红，少一红则不完整，红色浅则不浓艳，这种金鱼说"万里挑一"都不夸张。如图1-4-27所示的龙睛蝶尾金鱼由于口唇缺一红，所以只能称为"类十二红"。

2．红黑花色品赏

红黑组合非常时尚，黑色是最沉稳庄重的色彩，能衬托红色更加热烈奔放，成为永不过时的典范（图1-4-28）。金鱼体色的黑，不能反光，越吸光越暗就越压得住场。当然红色也不能浅淡，越浓郁就越醒目。金鱼体色中，红色相对比较稳定，管护手法得当的话能保持得比较久。但黑色是最不稳定的颜色，稍有管护不当，就会褪色甚至变色。比如红黑典范铁包金，黑背红腹，视觉效果很是惊艳，但是相当多的铁包金是过渡色，非常不容易保持。所以一尾黑背红腹体色稳定的成鱼，是很难得的。这就需要养鱼人在挑选红黑色金鱼时具备两个能力：一是判断能力，能分辨出是幼鱼的过渡色还是成鱼的稳定色；二是保色能力，通过管理水质、光照、温度、饵料等让金鱼体色恒定持久。

需要特别提醒的是，在鱼店选鱼的时候最好关掉鱼缸上那些带颜色的水族灯，尽可能在日光或自然光源条件下挑鱼，以免光色影响我们对金鱼体色的判断。

3．紫红/紫蓝花色品赏

（1）紫色与红色组合。紫红色最经典的是朱顶紫罗袍金鱼和紫袍朱绒球金鱼。朱顶紫罗袍，其通体浓紫色，唯有头茸红艳。所谓紫罗袍最好是深沉的紫褐色。所谓朱顶，分为两种类型：一种是只有顶茸是红色，作者本人更喜欢这种，认为其最配得上朱顶指的这个"顶"；另一种是整个头茸都是红色，但要求眼、唇是紫褐色。这两种都很难得，如果遇到了，不要犹豫直接入手吧！紫袍朱绒球金

图1-4-27　类十二红龙睛蝶尾金鱼

图1-4-28　红黑元宝狮头金鱼

图1-4-29　紫袍朱绒球金鱼　　　　　图1-4-30　紫雪青福寿金鱼

鱼，其通体茶紫色，唯有两个绒球像挂着红灯笼似的，可爱极了（图1-4-29）。

（2）紫色与蓝色组合，这两种颜色明度和纯度都比较接近，搭配不好会显脏。尤其紫蓝花金鱼是蓝色金属质感鳞片的，就比较避讳覆盖紫色斑块，因为跟铁锈似的，视觉上容易显脏。清代拙园老人在《虫鱼雅集》中写道："惟蓝鱼，翠鱼，实不易养，略为失法，便成铁蓝烂翠矣。颜色不杂不暗者，颇难得也"。其中的"烂翠"是指铁锈斑，严重影响蓝色鱼体的观赏价值。但是紫蓝花色如果搭配协调的话反而会很高雅。比如紫雪青是鱼体以雪青色为底，上面覆盖着紫色花斑。淡雅的雪青色搭配高贵的紫色，高级且耐看。紫雪青体表的紫色也不宜过浓，类似古铜色就非常醒目提神（图1-4-30）。

4．蓝白/黑白花色品赏

（1）蓝白组合，最经典的是喜鹊花（图1-4-31）。这种金鱼体色蓝背白腹，具有神似喜鹊的花纹。通过观察，我们就能发现喜鹊背部羽毛不是黑色，而是深蓝色。喜鹊花金鱼的体色也是蓝白组合。由于腹部褪白，背部的蓝色更显深重，视觉效果虽然接近黑色，但是归根到底是深蓝色。

（2）黑白两色，是明暗对比最强烈的色彩组合，视觉效果明快、响亮（图1-4-32）。其中黑背白腹的花色与蓝白喜鹊花有类似之处，区别在于黑背和蓝背，需要仔细辨别区分。尤其容易与喜鹊花混淆的是熊猫色，这种花色比较典型的鱼种是熊猫龙睛蝶尾金鱼（图1-4-33）。挑选这种花色，要注意三点：一是黑背白腹，黑白分明；二是体表有黑色竖纹，像熊猫毛色的才达标；三是黑眼圈像熊猫的才是正品，这也是最重要的一点。以上三点缺一不可，如果口唇是黑色的当然更加完美。所以正品熊猫龙睛蝶尾金鱼在黑白蝶尾中更是万里挑一的存在，可遇而不可求，相当名贵。

图1-4-31 喜鹊花狮头金鱼

图1-4-32 水墨福寿金鱼

图1-4-33 熊猫龙睛蝶尾金鱼

喜欢黑白花色的鱼友在入手之前，一定要想好是否有能力做好保色工作，因为一旦管护不当很容易褪色。

5. 三色品赏

三色通常是由红、白、黑三色组合，三色形成的色斑如果搭配合理，给人热烈、时尚的感受，会产生极强的艺术表现力，是永恒的经典色彩组合。挑选三色的标准就是黑白分明、红色浓艳。黑白两色是反差最强烈的对比，红色是最醒目的色彩，这三色不管怎么组合都经典耐看。

三色组合根据鳞片分为三种：第一种，硬鳞三色，这是传统三色（图1-4-34）。硬质鳞片基底带有光泽质感，所以色彩比较明亮，色斑泾渭分明，而且边界轮廓比较清晰。第二种，软鳞三色（图1-4-35），体表软鳞为主，零星分布着硬质的闪光鳞。黑、白、红三种色彩间杂分布，而且虚实浓淡，有水墨画的意境。第三种，荧鳞三色（图1-4-36），金鱼体表的反光鳞片光彩熠熠，红、白、黑三种色彩为基底，隐隐透出紫、蓝等多种颜色，就像金银和各色彩线织就的锦缎一般。荧鳞三色五彩斑斓，虽然类似五花，但是有所不同。

三色的花斑组合主要有两种风格：第一种，白底面积大，红黑色斑比较整，并且呈大块状分布；第二种，黑、白、红三色混杂，色斑比较小，分布比较零碎。作者本人更喜欢第一种，因为视觉冲击力强。当然不管哪种，最耐看的就是红头或者红顶，寓意鸿运当头，不但视觉效果好，而且寓意也好。三色组合不分品种，草、文、龙、蛋，龙背长在哪种身上都好看，各位鱼友见到这种达标的三色金鱼，尤其是红头的，别犹豫，赶紧入手就行。

图1-4-34 硬鳞三色文蝶金鱼

图1-4-35 软鳞三色琉金金鱼

图1-4-36 荧鳞三色琉金金鱼

6．五花品赏

五花是统称，是由多种颜色组合搭配而成，五彩斑斓，至少包含黑、白、红、蓝四种及以上颜色，其中蓝底五花最耐看。由于颜色组合比较丰富，色斑形状组合也比较多样，所以挑选五花不太好制定统一标准。但是有四个原则：①颜色虽多但是要有主有次，搭配和谐。主体色彩面积大决定了金鱼体色的主基调。辅助色衬托主色，一般所占面积要小。点缀色要鲜艳，分布要集中。②色斑形状虽然千变万化，但是颜色分布要求合理，不能过于细碎，否则就显得杂乱。③无论哪个品种的金鱼，只要是五花色，黑尾的最耐看。说是黑尾，不一定非得黑色，是说尾鳍颜色重才能压得住场，视觉上与身体前后平衡。而且尾鳍的重色要规整，不能细碎。因为尾鳍本身就柔软多姿，如果颜色零碎，那游动起来就显得过于散乱。④蓝底五花最正宗，其中蓝背最耐看，这一点也是最重要的（图1-4-37、图1-4-38）。

（四）特殊花色品赏

1．鹿子花色品赏

鹿子花色，最常见的是鹿子红白。这种金鱼体色银白，鳞片上星星点点分布着红色斑点，像是梅花鹿身上的花纹。挑选这种鹿子红白，应注意两点：一是每片鳞上有一块红斑；二是红斑不能过于密集，疏密有秩才有美感。除了鹿子红白，还有一种鹿子三色，其白底纯净、红斑浓艳、墨迹斑驳，颜色组合就更漂亮了（图1-4-39）。

2. 麒麟花色品赏

麒麟花色，像是传说中对神兽麒麟体色的描述"遍体鳞纹，色青黑，颔下有髯，项皆细鳞"。所以麒麟色金鱼的特点一般是黑背、白腹、红顶或玉面。而且麒麟色金鱼鳞片的颜色变化丰富，甚至还有荧鳞闪闪发光。清康熙年间的《朱鱼谱》中就有关于麒麟斑的描述："麒麟斑者，每一鳞上有二色，或白边红心，或白心红边，或黄心黑边，或黑心黄边，尾鳍具见如鳞状而花者。斯鱼如兽中之麟，禽中之凤，世不尝有之物。"正因为颜色比较丰富，所以挑选麒麟色就是仁者见仁，智者见智，不过作者本人更喜欢红顶麒麟，感觉这颜色最正宗（图1-4-40）。

3. 虎纹花色品赏

虎纹花色，是红黑两色间杂分布，形成类似老虎体表的竖向条纹，故得此名。这种花斑是最近几年才流行起来的，硬鳞鱼和软鳞鱼很多品种都有。挑选虎纹斑，需要注意两点：一是纵向排列虎纹清晰；二是通体只有红黑两色，白色可以出现在鳍条和尾巴上，但是不能出现在金鱼体表。好多金鱼品种都有虎纹斑，但是最威武霸气的是虎纹

图1-4-37　五花狮头金鱼

图1-4-38　红顶五花福寿金鱼

图1-4-39　鹿子红白元宝狮头金鱼

狮头金鱼。狮头金鱼头面发达，鳍条舒展，体形硕大，本身气场就很强大，加上浓重的虎纹、夸张的竖斑，就更有王者之气了（图1-4-41）。

4．云石花色品赏

云石花色，是类似大理石的一种天然花纹，有线条、墨点，浓淡虚实苍茫斑驳，可以形成各种随机图案，引人联想。云石主要是黑白两色构成，也有偏蓝色的，甚至还有局部点缀红色的。挑选云石色金鱼，个人认为要注意三点：一是鱼体以黑白两色为主，条纹和斑块形成抽象图案的为好；二是鱼尾黑色或黑白相间的为好，因为深色尾鳍能和鱼体形成前后平衡的视觉效果；三是玉顶或玉面，显得更雅致（图1-4-42）。

5．奶牛花色品赏

奶牛花色，尤其是奶牛花福寿金鱼，最近几年很热门，是福州渔场最先从花福寿金鱼中选育出的新品。本人特意当面向奶牛花色的研创人求证，之所以取名奶牛花，就是因为鱼体有黑白两色，有着像奶牛花纹的花斑。

图1-4-40　麒麟狮头金鱼

图1-4-41　虎纹狮头金鱼

图1-4-42　云石丹凤金鱼

挑选奶牛花福寿金鱼，应注意五点：一是白底是光滑明亮的瓷白，这种白既区别于一般硬鳞的银白，也不能是普通软鳞的铅白；二是黑斑是大块状分布，既不能延绵成片，又不能零散琐碎，并且黑色浓重、边界清晰；三是体表白底黑斑无杂色，如果鱼体上有蓝底或者红斑的都不算精品；四是尾黑且小的才算正品，这一点非常重要；五是红顶才算极品（图1-4-43）。

图1-4-43　奶牛花福寿金鱼

图1-4-44　重墨福寿金鱼　　　　　　图1-4-45　类十二红琉金金鱼

6. 重墨花色品赏

重墨花色跟奶牛花色有点接近。主要区别有三点：一是奶牛花是白底黑斑的双色搭配，而重墨一般是黑、白、红三色搭配或色彩更丰富的五花组合；二是奶牛花的黑色斑块错落分布像是奶牛，而重墨的斑块既可以面积大且连片像是泼墨，也可以星星点点、层层叠叠，像是点墨；三是通过对比可以发现，奶牛花斑给人的总体感觉是简洁、清爽，而重墨给人的视觉感受是色彩丰富、沉稳厚重（图1-4-44）。

（五）金鱼花色品赏思路

我们了解"赏鱼以赏色为首"。但是金鱼品种众多，花色也是五彩斑斓，到底如何选择花色才是正确的呢？作者个人认为需要遵循三种品赏思路：

第一种思路，是从技术层面讲。挑选金鱼的颜色一是要"俏"，就是花色要挑浓艳的；二是要"巧"，就是花斑要选独特的（图1-4-45）。

图1-4-46　黑泰狮头金鱼

图1-4-47　五花短尾狮头金鱼

第二种思路，是从心理层面讲。挑选金鱼的颜色也有两种心态：第一种心态是遵循"物以稀为贵"原则，专挑在谱的、有讲究的名贵花色，说白了类似收藏；第二种心态是不跟风，不追求所谓的精品，个人喜欢就好。借用一句流行语：不要你喜欢，是要我喜欢（图1-4-46、图1-4-47）。

第三种思路，是从花色搭配层面来讲，其分为两种搭配：一种搭配是乱花渐欲迷人眼，红白黑蓝紫、双色、三色、五花等都收集齐，追求的是丰富多彩；另一种搭配是追求整齐划一的秩序感，比如养一盆素身红顶的鹅头红，既齐整又高级（图1-4-48）。

图1-4-48　金鱼花色搭配

欣赏金鱼花色，归根到底是个人的一种生活情趣，所谓"各花入各眼，各物归各人"。喜欢很重要，养心最重要！

（六）金鱼体色鲜艳秘技

金鱼体色一生都在变化，而且受到方方面面多种因素的影响。要想把金鱼体色养出彩，并使之保持鲜艳，需要从以下几点做好功课：

（1）水质。俗话说"养鱼先养水"，说明水质管理最重要。水质清洁、酸碱平衡，金鱼健康活泼，体色自然鲜艳有光泽。如果水质不佳，金鱼状态不好的话，体色就会灰沉暗淡。

（2）绿水。绿水对金鱼保色作用明显，渔场一般是用绿水给金鱼保色和增色。但是生活中，在当代家庭环境下养金鱼，如果用像菠菜汤一样的老绿水保色就会影响日常观赏。所以一般情况下，还是要用清水养，只不过换水不要太勤，避免总是添加新水刺激金鱼产生应激反应，从而影响它的色彩表现。有过滤的鱼盆或鱼缸，每周撤换五分之一的水就能保持水质稳定。

（3）水温。金鱼在30℃以上高温状态下，新陈代谢会加快，从而影响体色的鲜艳度。所以在夏季要控制好鱼缸水温，有条件的控制在28℃以内最好。如果是在室外的鱼盆，就要放到树荫下，遮阴降温。

（4）光照。色彩是光照的产物，金鱼体色离不开阳光。但是过强的阳光和过弱的光线都不可取，金鱼保色要做到合理光照。室内光照不足的鱼缸要配置灯具，切记白天开灯晚上关灯，在增加光照的同时不要影响金鱼的正常作息。室外日光过强时，可以在盆中种植荷叶，也可以在盆上遮盖苇帘，总之要避免金鱼被阳光直晒。

（5）饵料。金鱼保色饵料分两类：一是荤食；二是素食。荤食是指高蛋白的饲料，最好是红虫或者丰年虾这类动物性饵料。素食是指浮萍等植物性饵料。荤素搭配不但能增色，还有利于金鱼肠道的营养吸收。

（6）溶氧。金鱼生活在水中，但是也像人类一样需要呼吸充足的氧气。保证水体溶氧量有两个方法：一是稀养，减少饲养密度；二是增氧，添加打氧设备。

（7）容器。金鱼有保护色功能，是为了能够融入周边环境，保护自身安全。所以，养鱼容器尽可能选用深色，利于金鱼体色保持浓艳。如果是俯视观赏，最好用黑泥盆、灰瓦盆、石槽、陶缸、木海等深色容器。白色的瓷盆可以短时间赏玩，但不建议长时间养鱼，因为会导致金鱼体色变浅。《虫鱼雅集》评价瓷盆说："细磁盆缸养鱼，无非好看，实与鱼无俾（裨）益"。另外，现代家庭普遍用玻璃鱼缸养金鱼，这种透明环境也会让金鱼很快褪色。所以，用白瓷盆和透明玻璃缸养鱼的鱼友，作者建议一定要用上绿藻灯，照射出绿苔以后，不但利于金鱼体色增艳，而且青苔红鱼美不胜收。需要提醒的是一定要用刮藻刀经常清除玻璃鱼缸正面的绿苔，否则你就一条鱼都看不清了。

图1-4-49　三色琉金金鱼

（8）基因。金鱼的体色一生都在变化，小苗阶段会变色，幼鱼阶段会脱色，老鱼阶段会褪色。尤其四龄以上的老鱼褪色变浅几乎是不可逆的。而且五彩斑斓的金鱼体色当中，名贵的熊猫色、奶牛花、重墨等黑体色金鱼，都需要比较高的保色技巧，适合发烧鱼友赏玩。相对来说，墨龙睛、鹤顶红、红顶虎等老品种基因已经稳定固化，颜色比较稳定，容易保色，所以我建议新手鱼友从基因稳定的传统品种开始练手（图1-4-49）。

二、赏形

金鱼四赏的第二赏是"赏形"，就是在静态下如何挑选金鱼外观形态。

金鱼之美不仅在于其鲜艳纷繁的色彩、精巧天然的花斑，还在于其圆润流畅的体形。正如张谦德在《朱砂鱼谱》中所言："朱砂鱼之美，不特尚其色、其尾、其花纹，其身材亦与凡鱼不同也。身不论长短，必肥壮丰美方入格，或清癯或纤瘦者俱不快鉴家目"。

国人品赏金鱼体形以新、奇、特为标准，并且细化到鱼体各个组成部分，包含嘴、唇、头、鳃、眼、身、腹、背、鳍、鳞、尾。早在清晚期就制定了鉴别金鱼优劣的五个标准："身粗而匀；尾大而正；睛齐而称；体正而圆；口团而阔"，并收录于《竹叶亭杂记》。

需要说明的是，金鱼鱼体各部位的品赏，一般是以1～3龄的成鱼为考量对象。

（一）金鱼各部位品赏

以下介绍金鱼六个部位的一般范型。

1. 体形

金鱼体形多种多样，总体可以用几何形来概括。

图1-4-50　红白龙睛裙尾金鱼

图1-4-51　水墨福寿金鱼

图1-4-52　红白短尾琉金金鱼

图1-4-53　黑元宝狮头金鱼

　　椭圆形：鱼体圆润丰满、线条优美，是最常见的金鱼体形。通常生有背鳍，主要有龙睛、高头类品种（图1-4-50）。

　　卵形：鱼体粗壮、背部宽厚，蛋种金鱼多属此型。一般背部光滑，没有背鳍，主要有虎头、水泡眼类金鱼品种（图1-4-51）。

　　高身形：身材较短，背部隆起成驼峰状，鱼体侧视接近圆形。高身形金鱼背部高高隆起的曲线是其一大看点，上背弓顶点与下腹肚最凸点对称者为佳。在重心居中的情况下，背弧夸张者上乘（图1-4-52）。

　　元宝形：腹部滚圆凸出，背部相对平直，鱼体侧视像金元宝。这种身形的金鱼需具有相当的肥胖度，但是不能过度臃肿（图1-4-53）。

　　球形：身体珠圆玉润，像是皮球。这种金鱼的身形越圆品质越好（图1-4-54）。

　　梭形：身体细长，头尾尖细，像是纺梭（图1-4-55）。

　　金鱼无论何种身形，都要求背部平顺，杜绝凹凸不平、骨刺突出等现象。一般鱼肚可适度圆滚，但不能肥胖臃肿，更不能肚腹歪斜不对称。

图1-4-54　皮球珍珠鳞金鱼

图1-4-55　蓝短尾草金鱼

图1-4-56　红顶草金鱼

图1-4-57　鹅头红金鱼

2．头型

金鱼头型传统上按照头茸发达程度和增生部位可分为三种。

平头型：头部光滑无肉质增生。要求嘴正、鳃盖完整（图1-4-56）。

高头型：头顶有明显顶茸，鱼鳃部平滑没有增生。此种头型鉴赏要点是顶茸发育丰满、厚实，且中正高耸者为佳（图1-4-57）。

狮头型：头茸整体发达，两颊、两鳃以及头顶都很丰满。总体上看整个头部像是传统舞狮道具中的狮头，故此得名。既有松散的菊花状，又有紧密的草莓形。头茸自双颊包向头顶，眼睛隐藏在其间，但是不能影响视力。

需要特别说明的是，文种金鱼和蛋种金鱼都有狮头型品种。头茸发达且背鳍高耸的文种金鱼品种称为"狮子头"，头茸发达但光背无鳍的蛋种金鱼品种称为"虎头"（图1-4-58、图1-4-59）。

发达的头茸是金鱼的一大观赏点，且明显区别于其他观赏鱼类，非常具有视觉冲击力。通常要求厚实、饱满、方正。但是头茸不宜过大，过大会造成身体各部位不平衡，从而导致栽头。

3．眼型

金鱼眼型种类丰富，颇具审美价值。

平眼：与普通鱼类无异，眼型正常（图1-4-60）。

凸眼：主要是龙睛，眼球整体凸出，造型夸张，像是神兽"龙"的眼睛。标准龙睛眼型最受欢迎的是算盘珠眼，像是两粒算盘珠儿贴附在头部两侧（图1-4-61）。

图1-4-58 狮子头金鱼

图1-4-59 紫蓝花虎头金鱼

图1-4-60 平眼金鱼

图1-4-61 凸眼金鱼

朝天眼：也称望天眼，眼球突出于眼眶，瞳孔旋转向上望向天空，造型极其独特（图1-4-62）。

水泡眼：眼睛下方的水泡充满淋巴液体。要求大而活，随身飘摆、富有弹性，绝不能松坠下垂（图1-4-63）。

无论哪种眼型，都要求必须对称。眼睛无论形状、大小、颜色，都以左右相同为佳，避免视觉上的"大小眼"。

4. 尾型

金鱼尾型也分为几种，各具特色。

四尾：最常见的尾型，且有长短、大小之分。拥有四叶尾的金鱼进化较充分（图1-4-64）。

三尾：一般情况下，三尾是退化返祖的表现，缺乏审美价值，往往在幼苗阶段就筛选淘汰了。日本土佐金的尾型比较特殊，这种鱼三连尾才算正品，四尾的反而要淘汰（图1-4-65）。

双叶尾：是草种金鱼的独有尾型，单片且为分上、下两叶，呈燕尾的剪刀状（图1-4-66）。

拥有四叶尾鳍的金鱼，在游动时略略收拢、静止时全部撑开，短尾的像是打开的扇面；长尾的犹如飘荡的帛锦；蝶尾的好似展翅的蝴蝶，美轮美奂，妙不可言。鱼尾除了适于观赏，还起到摆水游动、调节方向、保持平衡三个重要作用。所以金鱼尾要求大小得当，过大则累赘，过小则局促，总之要与身体比例相协调，能保持

图1-4-62　朝天眼金鱼

图1-4-63　水泡眼金鱼

图1-4-64　四叶尾–龙睛凤尾金鱼

图1-4-65 三连尾-土佐金金鱼

图1-4-66 双叶尾-红白草金鱼

图1-4-67 白丹凤金鱼

头尾平衡，避免头重脚轻而引起前倾栽头；张力适度，过硬则直挺，过软则拖沓；尾桶粗细适中，过粗则呆笨，过细则纤弱；尾与背的夹角也要根据不同品种有不同标准，过小的易失度，过大的易平松；此外还要求尾芯中正笔直，不歪不斜（图1-4-67）。

5．鳞片

鳞片可分为平鳞和珍珠鳞两种。

（1）平鳞。平鳞金鱼的鳞片光滑、齐整，由大到小排列自然（图1-4-68）。通常情况下，鳞片排列工整、质感细密的金鱼比较好看，而苍鳞、掉鳞或鳞片松动的金鱼都不利于观赏。有些金鱼得过竖鳞病，即便治愈也很难使鳞片完全复原，鳞片根根直竖失去美感。另外还须重点检查鱼体背部鳞片是否有乱鳞、错鳞现象。当然，也有特殊情况，例如：樱花闪鳞，这种金鱼体表鳞片缺少反光质，看起来像是透明鳞片，其间点缀数片闪光鳞片，既醒目又耀眼，颇具观赏性（图1-4-69）。

（2）珍珠鳞。鳞片中央凸起，中心色浅边缘色深，像是粒粒珍珠。珍珠鳞的观赏看点主要是鳞片是否凸起明显、排列是否规则（图1-4-70）。鱼体背部两侧及腹部无珍珠鳞者视为不佳。珍珠鳞片极易受损脱落，而脱落后再生的鳞片很难恢复到原生鳞片的凸起高度，所以在捕捞操作时需加倍小心。

图1-4-68　平鳞-蓝丹凤球金鱼

图1-4-69　闪光鳞-樱花蛋球金鱼

图1-4-70　珍珠鳞-皮球珍珠鳞金鱼

图1-4-71　有背鳍-三色长尾狮头金鱼

6. 鱼鳍

金鱼鳍分为有背鳍和无背鳍两种。

（1）有背鳍。背部生有鱼鳍，靠近头部的鳍条高耸像是旗杆，接近尾部的鳍条逐渐变小像是迎风招展的旗帜。背鳍能保持鱼体直立，对平衡起到关键作用（图1-4-71）。

（2）无背鳍。背部光滑无背鳍，身体下方生有左右对称的鱼鳍。两胸鳍像是船桨划水，两腹鳍保持平衡，双臀鳍起到稳定扰流作用，尾鳍像是推进器为游水提供动力（图1-4-72、图1-4-73）。

金鱼各鳍首先要检查是否有残缺、不对称的现象，如果有就必须淘汰。不完整的鱼鳍会影响金鱼游动的平衡度，就跟其他生物一样，不完整的器官会限制其运动功能。其次，要求所有鳍片都能充分打开，不卷、不折，否则会大大降低金鱼的美感。

金鱼体形鉴赏除了以上六个方面之外，还需要注意"侧线"。金鱼与其他鱼类一样，在鱼体两侧，自眼部上方至尾贯穿一根侧线。侧线是由鳞片上的小孔排

图1-4-72　无背鳍-红白泰寿金鱼

图1-4-73　紫丹凤球金鱼

列成的，小孔连通成管，管内充满黏液，能感知水压大小、水流方向、水流速度以及水中物体的位置。这就是当人们轻敲盆壁时，金鱼就会急速游开的原因。人们通常使用这个办法来判断金鱼的健康状况。

（二）金鱼体形品赏原则

金鱼体形品赏分为两个层次：低层次要求，也就是基本要求，起码要保证金鱼的各器官功能正常，鱼体无残缺、无畸形，整体看上去结构合理、对称均衡，给人以健康有活力的感觉。高层次要求，也就是优选标准，要求金鱼的线条优美、丰腴有度，彰显金鱼雍容高贵的典雅气质，给人以美的享受（图1-4-74）。

这就像人的选美一样，身高、胸围、腿长等身体条件达标的仅算是符合标准，也就是能达到不难看的程度。而只有那些曲线玲珑、凹凸有致、挺拔舒展的才能被称为佳丽，真正给观赏者带来视觉美感。

金鱼家族是个大家族，各品种虽然形态各异，头、身、尾、口、眼、鳍各个部位的鉴赏标准也差别很大，但整体上还是有统一的品评法则的。简单说，就是无论哪个品种的金鱼，静态要求鱼体均衡、比例协调、鱼姿挺拔。

金鱼体形品赏原则主要有以下几点：

（1）金鱼身形要比例恰当，过长就显得纤细，过短就容易失衡。比如蛋种的福寿金鱼，头身比1∶2.5就比较合理，而且耐看，身形过短就容易前倾，甚至栽头。

图1-4-74　红白文球金鱼

（2）金鱼身形要线条流畅，饱满丰腴。金鱼无论哪种品系，身形稍微丰满一些才显得肥美可爱。

（3）金鱼静态下要中正、平衡。中正，即要求鱼体对称、眼睛对称、鳍条对称、尾叶对称，且不能大小眼，更不能偏腹。平衡，是要求鱼的姿态平衡，既不能前倾栽头，又不能歪斜，更不能倒立、翻肚。

（4）金鱼身形整体要协调，也就是要求其头、身、尾、鳍各部位组合，既要特征明显，又不能过度夸张。比如皇冠珍珠鳞金鱼，像是戴着心形的皇冠，俏皮可爱。但是，如果顶茸过度发达，像是顶着大头盔，那就比例失衡了。再比如水泡眼金鱼，如果水泡过大导致垂坠，就成累赘了。

（5）鱼体各部位，该露的露，该藏的藏。比如：即便是头茸发达的狮头金鱼，也得注意露出眼睛，否则不但影响人们欣赏，也影响金鱼的行动。另外，该藏的就得藏起来，比如福寿金鱼的臀鳍就不能外露，无论俯视还是侧视都得藏起来才好看。

（6）金鱼悬停在水中时，依然要蕴含活力，不能死气沉沉、呆若木鸡。而是要求其身尾平衡、四尾略开，背鳍略收，胸鳍轻轻划动，眉目顾盼生姿，向人们展示的是沉稳、典雅的高贵气质。

（7）养鱼容器无论是泥瓦鱼盆还是玻璃鱼缸，无论是俯视还是侧视欣赏，挑选的时候都要注意，金鱼如果停止游动，在静止状态下呆浮水面、沉缸拖底，就完全失去了观赏价值。

（8）不能有伤病残缺。

需要提醒的是，欣赏金鱼的静态美，是要观察金鱼浮潜过程中的静止瞬间，而非睡眠卧缸的状态（图1-4-75）。

（三）各品系金鱼外形品赏

在清道光年间，句曲山农编撰了我国最早的配有彩色插图的金鱼专著《金鱼图谱》，全书共56幅金鱼手绘彩图，生动记录了当时金鱼的身形结构、体态特征，以供大众品赏。

发展至今，各个品系金鱼的头、身、眼、鳍等器官的变异可谓千差万别，其体形特征也分别有着不同的欣赏角度、评鉴标准。

1. 草种金鱼外形品赏

金鱼是世界观赏鱼史上最早的培育品种。其中，草种金鱼大约出现在一千七百年前，是金鱼各品系中最早稳定成型的品种。

草金鱼品种除了以花色区分之外，外形主要分为短尾和长尾。短尾草种金鱼的体形与其始祖野生鲫鱼比较接近，有着非常适合游水的流线造型。长尾草种金鱼诸鳍皆长，尤其尾鳍飘逸，犹如仙女飞天，更具观赏性（图1-4-76）。

草种金鱼共有五鳍，分别是尾鳍、臀鳍、背鳍、腹鳍、胸鳍，各鱼鳍保留了野生鲫鱼的生理结构和功能作用。其中，胸鳍、腹鳍是左右对生，背鳍、臀鳍、尾鳍是单片。草金鱼的尾鳍像是推进器，为游动提供动力。背鳍、臀鳍、腹鳍的主要作用是保证游动的稳定性，类似船舵。胸鳍的主要作用是控制前进方向和减速。

值得注意的是，草种金鱼无论哪个品种，都是单片臀鳍、单片尾鳍。而其他品系的金鱼都要求有双臀鳍、四叶尾鳍，只有极个别品种允许三尾。

草种金鱼在世界范围内形成中、日、美、欧四种风格。中式草种金鱼适合群游于古典园林大水体中；日系草种金鱼的扇形尾鳍和丰富花色是其最大特色；美系彗星金鱼以尾长著称；欧系布里斯托金鱼的心形尾鳍让人眼前一亮。无论哪种风格，长尾草种金鱼都是以赏尾为主（图1-4-77）。

图1-4-75　玉顶狮头金鱼

图1-4-76　草种金鱼

图1-4-77　长尾草种金鱼

2. 文种金鱼外形品赏

文种金鱼是从草种金鱼演进而来，延承了草种金鱼的大部分特征，具有背鳍和不变异的眼睛。经过长期的人工选育和定向繁殖，文种金鱼尾鳍从单片的燕尾变为双片的四叶尾，而且部分文种金鱼身形变得短圆丰肥。文种金鱼为其后出现的龙种、蛋种、龙背种几大金鱼品系奠定了发展基础，起到承上启下的重要作用。

文种金鱼诞生在经济日益发达的明代中期。这一时期，随着市井阶层的新兴文化思潮，呈现出"艺术生活化、生活艺术化"的融合态势。当时所形成的人文情怀和审美取向，直接映射在国人对文种金鱼的美化和塑造中。

大部分文种金鱼都有着文人高士般的儒雅形象，其鳍条修长如袍袖，尾鳍宽大似罗裙（图1-4-78、图1-4-79）。文种金鱼通体诸鳍要求完整无缺，尤其要求精品鱼为双臀鳍。因为单臀鳍是草种金鱼，其进化不充分而保留了原始生理特征。除此之外，文种金鱼还要求腹下鳍条左右对称、有张力，背鳍挺立如风帆，尾鳍张弛有度，收放自如。

文种金鱼中长鳍大尾的品种还要求诸鳍不卷不折，这其实是非常苛刻的要求。因为鳍条越长越容易自行收卷、翻卷。而且在日常管护过程中的倒缸换水、网抄捞鱼都很容易造成鳍条折损。所以，养鱼人要注意保护好鳍条，尽可能少用网抄，避免伤鳍。还要注意水温，避免烫尾。同时保持水质，避免烂尾、充血，以免影响金鱼的观赏价值。

文种金鱼静若处子，具有宠辱

图1-4-78　文种金鱼

图1-4-79　红白宽尾琉金金鱼

不惊的淡定；其动如飞仙，又具有怡然自得的悠闲感。这种低调的尊贵、内敛的奢华，既符合传统美学标准，又别出心裁、标新立异。

鹤顶红金鱼就是文种金鱼中有着浓郁文化气息的代表鱼种，是精致的中华传统生活美学典范。鹤顶红金鱼有个小名儿，在北方被形象地称"红帽儿"。"红帽儿"有两层意思：一是帽子要红，色彩浓艳、色质浓厚；二是只能帽子红，身体其他各处不能有杂色，连个小红点都不能有。甚至红色还有边界，前不能到嘴，后不能过顶。此外，还要求鳞片不但细密、光洁，而且具有金属质感、泛着银光的才算达标（图1-4-80）。

"红帽儿"属文种金鱼中的高头类，高头类金鱼还有非常好看的品种。如：长着凤凰一样的大尾巴的金鱼是凤尾高头金鱼。顾名思义，凤尾就是说鱼尾鳍长且大，一般与鱼体等长甚至更长。高头是指只有顶茸高耸，两鳃不能有肉瘤。这一头一尾两大看点，要一龄以后长到成鱼，才是最佳观赏期。俗话说"好饭不怕晚，好事不嫌慢"，陪着金鱼慢慢成长，等着它把最美的舞姿呈现给我们，这个过程本身就很有中国诗意。而且，凤尾高头金鱼简称"凤高"，是连名字都极具古典美的传统文种金鱼（图1-4-81）。

文种金鱼并不都是柔美飘逸的，也有另辟蹊径走威武霸气路线的，如狮头金鱼。狮头与高头差别在于：高头只有顶茸高耸，狮头是整个头茸都很发达，从头顶一直包到两颊，鳃盖、吻凸都丰满膨大，无论从哪个角度欣赏，都像威风凛凛、鬣毛卷曲的雄狮，故此得名。狮头金鱼也是慢成鱼，出生4个月以后头茸才能慢慢发育，一龄以后长到成鱼，视觉效果才更加雄壮威武。狮头金鱼不

图1-4-80　鹤顶红金鱼

图1-4-81　紫凤高球金鱼

图1-4-82　狮头金鱼　　　　图1-4-83　五花国狮头金鱼　　　　图1-4-84　菊花头国狮头金鱼

但头面霸气，而且身材也能长成巨无霸，是所有金鱼中最具视觉震撼力的品种（图1-4-82）。

全世界狮头类金鱼品种很多，各具特色。其中适合俯视赏头的中国国狮（图1-4-83）、适合俯视赏游姿的日本日狮、适合侧视赏尾的泰国泰狮，号称"世界三大好狮"。

中国的国狮金鱼，是全世界狮头金鱼的鼻祖。传统国狮头面越发达越好，顶茸和鳃茸都极其发达，而且一定得包裹住眼睛，无论从哪个角度观赏都很雄壮。但美中不足的是，国狮金鱼有头无尾，这种鱼的看点集中在头部，但是尾鳍偏弱。国狮金鱼也分两大类：第一类是草莓状狮头，方方正正、结结实实，很有力量感；第二类是菊花头国狮，这种狮头金鱼顶茸极其发达，而且松散的造型像是菊花瓣，极具古典美感（图1-4-84）。菊花头国狮适合在鱼盆俯视欣赏，它晃着大脑袋，带着小身子，摇着软尾巴，招摇过市，惹人喜爱。菊花头虽然像菊花比较散，但还是要求有型，过于蓬松的话，就显得垮了。国狮金鱼是中国老品种，既好看又好养，关键价格还亲民，非常适合新手养玩。

泰国狮头金鱼，俗称泰狮。这个名字容易让人联想到刚猛的泰拳和威武的雄狮。泰狮金鱼是一个造型刚柔并济，甚至自相冲突的神奇鱼种。它的头面、身形真的像泰拳和雄狮一样，充满了雄性力量感。但它的尾鳍却像女生的裙摆一样，妩媚婀娜、姿态万千，是绝对的阴柔之美。这种雌雄同体的风格让人印象深刻、过目不忘，而且毫无违和感。

泰狮金鱼有迷人的大尾巴，最经典的一种尾形是百褶裙，百褶千皱，确实跟女生的百褶长裙一样层层叠叠，有一种雍容华贵的繁复之美。最神奇的是，这么长的尾巴，好像不受地心引力影响，除了静止的时候略有垂落，游动起来永远张力十足，如花朵一样盛开，美不胜收。另外，当今家庭多用玻璃水族缸养金鱼，泰狮金鱼的百褶裙尾鳍非常适合侧视观赏（图1-4-85）。

挑选泰狮金鱼的"百褶裙"，简单来说有四点：一要褶，如果没有褶皱就谈不上是百褶裙了；二要翘，尾叶上下撑开，张力十足，跨度在160°左右就很好看了，当然也有人追求更夸张的一字尾，就是尾展跨度达到180°，这就更惊艳了；三要展，就是尾鳍要舒展，从尾根到尾梢都铺陈开，不能有卷折，更不能有残缺、破损；四要活，泰狮游动起来尾鳍要娇媚婀娜，有舞蹈般的艺术表现力。这一点最重要，毕竟金鱼是有生命的艺术品，舞跳得好看才更美。

泰狮金鱼百褶裙尾的褶不是尾鳍本身的大褶，而是指尾鳍边缘细碎的小褶。一般当岁鱼长到10厘米左右就能显现出来，成鱼发尾以后褶皱就更多、更明显了。泰狮金鱼的百褶裙尾要有厚度，尾梢圆形才更好看；尾骨要硬度适中，能撑开尾鳍，才更有张力（图1-4-86）。

其实不止泰狮金鱼适合侧视欣赏，文种金鱼还有另一种也非常适合侧视欣赏，这种鱼是中日混血，名字叫琉金金鱼。18世纪，中国文鱼经琉球传入日本，经改良成为高背。中国再次加以优化，使之具有身短、背高、腹圆、头尖等特征，侧视极度饱满，接近正圆。另外琉金谐音"留金"，寓意美好。而且琉金金鱼继承了文种鱼皮实好活的特点，现今已经在家养金鱼四大品种中占据了一席之地。

图1-4-85　黑泰狮头金鱼

图1-4-86　五花泰狮头金鱼

如何挑选琉金金鱼。简单来说有四点：一是圆，背要像驼峰、肚要像皮球，上下两条弧线要对称，整体组成一个圆形的金饼状；二看尾，琉金金鱼分为短尾、长尾、宽尾等，最具观赏性的当属宽尾琉金金鱼，其游动起来宽大的尾鳍就像盛开的花瓣一样，而且千变万化，没有任何一个姿态是重复的，是最上镜的明星鱼；三看头，琉金金鱼头面不但尖细，而且光头不起顶，这一点要与其他发头类文种鱼区别开；四看色，无论是红白、五花还是水墨，都要选择色彩浓艳、色质纯正的花色。另外，琉金金鱼能长成1千克重的巨无霸"元宝"，极具视觉冲击力（图1-4-87）。

还有一种像皮球般圆润的文种金鱼，叫皮球珍珠鳞金鱼。这个品种有两大看点：一是金鱼体表鳞片中央凸起，边缘色深中间色浅，犹如粒粒珍珠，极富立体美感；二是鱼体极度肥圆，让人讶异。挑选皮球珍珠鳞金鱼注意四点：一是老鼠头，头部尖细，眼睛紧贴，鱼头不能破坏鱼身的球形线条；二是皮球肚，鱼身像充气的皮球一样滚圆，特别是俯视最为明显；三是端肩膀，身体靠近头部的曲线受到压缩，与头部形成夹角；四是束尾根，尾柄短，尾鳍展开，像是小姑娘束起的马尾辫（图1-4-88）。

近年出现的皇冠珍珠鳞金鱼，鳞片同样要求颗粒饱满、排列齐整，背鳍两侧细密，腹部周边圆润（图1-4-89）。需要提醒的是，珍珠鳞片容易脱落，所以必须裸缸养，而且捞鱼最好不用网抄，直接用手兜才安全。

皇冠珍珠鳞金鱼和皮球珍珠鳞金鱼相比有三点差别：一是身形，皇冠珍珠的身形不如皮球珍珠滚圆，俯视看尤为明显；二是尾鳍，皇冠珍珠的尾鳍一般比皮球珍珠要宽大一些；三是顶茸，这是最显著的差别，之所以叫皇冠，是它顶茸极

图1-4-87　红白琉金金鱼

图1-4-88　五花皮球珍珠鳞金鱼

图1-4-89　皇冠珍珠鳞金鱼

其发达，不但饱满高耸，而且光滑圆润，还有玉质通透感。皇冠顶茸完整的像玉珠、两块对生的像心形，无论哪种都要求中正对称。之前曾介绍过，很多金鱼是慢成鱼，皇冠珍珠也不例外，一般半年左右才开始发头。

3. 龙种金鱼外形品赏

龙种金鱼的诞生稍晚于文种金鱼，其最大的特征就是龙睛。龙睛整体凸出，造型夸张，像是中华图腾"龙"的眼睛。中华民族是"龙的传人"，所以自古以来，龙种金鱼就被奉为中国金鱼正宗（图1-4-90）。

龙种金鱼的龙睛，要求眼球整体凸出眶外、膨大圆润且左右对称。龙种金鱼主要分为龙睛、蝶尾龙睛两大类型，二者都具有神龙一般的眼睛，区别在于尾鳍。龙睛金鱼的尾鳍自然下垂，其中凤尾和裙尾尤其明显。蝶尾龙睛金鱼的尾鳍四叶大开，铺陈伸展在水中并向头部翻翘，俯视欣赏犹如蝴蝶翻飞（图1-4-91）。

挑选蝶尾龙睛金鱼应注意八点：一选尾，二选眼，三选色，四选身，五选头，六选背，七选鳍，八选鳞。

一选尾，蝶尾龙睛金鱼尾鳍平直形的要打开成一字，翻翘形的要呈倒弧形。尾叶之间的开角10°左右比较合适，尾叶开角小了容易互相摩擦，开角大了不好看。尾鳍要有张力，整体都能打开，像是蝴蝶翅膀。尾鳍边缘不能卷、不能折，否则会影响观赏效果。一般尾长与身长比例1∶1才协调。尾鳍小点也没关系，显得精致，但是不能过小，导致与重心失衡；尾鳍大点更好，显得飘逸，但是不能过大，否则显得冗余。而且尾鳍要有些许翘度，否则下垂就会显得拖沓。

二选眼，几种主要的龙睛眼型前文介绍过了，其中最受欢迎的是算盘珠眼。

图1-4-90　龙种金鱼

图1-4-91　墨蝶尾龙睛金鱼

选眼睛首先要注意对称,不能眼睛大小不一。其次要选造型规整、饱满紧实的。还要注意眼睛过大过小都不好,太大不协调,太小没气势。

三选色,蝶尾龙睛金鱼比较名贵的是红白的十二红、黑白的熊猫、蓝白的喜鹊花、三色的莹鳞等花色。

四选身,短身且肚腹圆润饱满的耐看,特别注意的是要左右对称,不能偏腹。

五选头,头面宽的鱼骨架大,能长成大尺寸,而且生长速度快。

六选背,蝶尾龙睛金鱼虽然是俯视鱼,但也讲究背弧,类似琉金金鱼的高背才好看。

七选鳍,鳍条舒展、灵活,据说胸鳍末端是圆形的,血统才更正宗。

八选鳞,无论软硬鳞,鳞片要求排列细密,不能乱鳞。当然,有一种龙鳞鱼就反其道而行之,非得乱鳞才有观赏性。

以上这些是蝶尾龙睛金鱼静态下的挑选原则,游动起来还得观察它的平衡性以及运动美感。

4. 蛋种金鱼外形品赏

蛋种金鱼大约诞生于清雍正年间。据清代姚元之《竹叶亭杂记》所述:"蛋鱼此种无脊刺,圆如鸭子"。说明这种金鱼光背无鳍,体短且圆,形似鸭蛋。

传统蛋种金鱼多为脊背平直,尾鳍顺直,肚腹丰圆,适合在传统鱼盆中俯视欣赏。后经长期改良,国寿金鱼等当代精品蛋种金鱼已成为梳背,其背弧隆起,圆润光滑,俯视侧视都呈卵形,适合家庭玻璃鱼缸赏养。蛋种金鱼游姿不疾不徐,有着端庄平和的独特气质(图1-4-92)。

历史上,宫廷历来有赏养金鱼的传统。清代中晚期出现两大宫廷金鱼经典品种,都是光背无鳍的蛋种。

第一种,宫廷鹅头红金鱼,也有称额头红的(图1-4-93)。这种金鱼的基本特征是银鳞红顶,冠似鹅头。品鉴鹅头红应注意四点:一赏头,要求吻平、头宽、不起鳃,鹅冠高耸厚实,类似文种的高头型。其顶茸质感细腻温润,犹如红宝石;二赏身,鱼肚腹要丰腴,而且头身比1∶1.5的中身最耐看,其背幅

图1-4-92　蛋种金鱼

图1-4-93　鹅头红金鱼　　　　　　　图1-4-94　王字虎头金鱼

宽阔，平直顺滑；三赏尾，鱼尾直且舒展；四赏鳞，鳞片细腻，银光闪闪，泛着微蓝的金属质感。中国人给这种素身红顶的金鱼统统赋予"鸿运当头"的寓意，是吉祥的象征。

第二种，宫廷金鱼，是王字虎头金鱼（图1-4-94）。这种金鱼最早记载于《竹叶亭杂记》。王字虎头金鱼的观赏点集中在头部，尤其6～8块顶茸排列整齐并隐现"王"字，王字虎头威名由此而得。其薄鳃高头，吻瘤突出，整个头型呈方形，且平背活尾，游姿沉稳雄健。王字虎头金鱼也是慢成鱼，2～3年后才有明显品种特征，4～5龄才迎来观赏巅峰，充分体现了北京宫廷金鱼"盆鱼"得精养、"慢鱼"得沉厚的特点。王字虎头金鱼的体色以通体彤红者为佳，并以红至鳍尖、尾尖者为上。

两大宫廷金鱼，鹅头红和王字虎头，一柔一刚，一文一武，珠联璧合，是传统精品蛋种金鱼的典范（图1-4-95）。

图1-4-95　宫廷金鱼

传统蛋种金鱼中人缘最好的，是最早出现在清末光绪年间的蛋种水泡眼金鱼（图1-4-96）。这种金鱼头部两侧对生着像圆球一样的水泡，鱼眼受到水泡挤压向上翻起，表情相当蠢萌。而且水泡随着游动，忽扁忽圆，前后翻飞，变化万千。水泡讲究对称、浑圆、饱满。水泡大了好看，但是过大的话会导致鱼体重心失衡，游动的时候带不动泡，反而失去观赏性。水泡里装满了淋巴液，也可以理解成

图1-4-96　五花水泡眼金鱼

水。传统上，水就代表财富。所以，有人担心水泡易破而破财，不太愿意养水泡眼金鱼。虽然水泡破损后可以再生，但是会变小，因此，水泡眼金鱼必须裸缸养，不能放假山等摆件，避免划破水泡。

　　蛋种金鱼长尾品种中最仙的是"丹凤"。丹凤金鱼之所以仙，一是造型仙，丹凤金鱼不发头、不起鳃，眼睛不变异，光背无鳍，拖着长长的像凤凰一样的大尾巴，游动起来好似衣袂飘飘，像是画中飞天，不食人间烟火，仙气十足；二是名字仙，"丹凤"这两个字就自带仙气，其素身红顶更是被人称为"丹凤朝阳"，意境就更加悠远了。"丹凤"也有叫"蛋凤"的，就是蛋种凤尾，意境就差多了。品鉴丹凤金鱼，有一句口诀：翘噘嘴、平直背、桃叶鳍、竹叶尾。丹凤跟凤尾虎头金鱼有点像，都是光背无鳍，凤尾飘飘。二者主要区别在于头型和身形，尖头平背的是丹凤（图1-4-97）；头茸发达、虎背熊腰的是凤尾虎头。

　　蛋种金鱼演进至今，目前最受欢迎的代表鱼种是国寿金鱼。因为这种鱼造型极简、身形圆润，高级且高雅。小鱼时卡通呆萌，成鱼时则威武霸气，能满足当代国人对金鱼的几乎所有审美需求。

　　欣赏国寿金鱼，需要兼顾侧视和俯视两个视角。国寿金鱼的俯视挑选原则，有四点：一是头方。国寿最受欢迎的头型是狮头型，头茸饱满发达，俯视看要求紧实不散，而且口唇不能突出，头部整体呈方形才有力量感。二是背阔。国寿金鱼的背幅以宽为美，显得厚实；俯视看肚腹左右对称，粗壮饱满。三是尾

图1-4-97 蓝丹凤金鱼

图1-4-98 通背红国寿金鱼——俯视

粗。指的是尾桶粗,尾桶粗游动时有力量,而且能保持与头部的前后均衡。四是尾开。尾展虽然不像日寿那样要求打开成一字,但也要保持张力。有些国寿金鱼尾鳍张力弱,就像拖着一条墩布似的,绝对是丢分项。另外,左右两片尾鳍要对称,尾芯不能歪。还有,观察游姿是否稳健,成年国寿金鱼要有王者风范(图1-4-98)。

国寿金鱼侧视挑选原则有三点:一是头身比。头身比1∶1.5的是短身,头身比1∶2的算中身,头身比1∶2.5的属于长身,长身的一年以后能长成巨寿。但是,如果你喜欢小巧精致型的国寿,就选中短身的当岁鱼。二是背弧。国寿金鱼背弧要求圆润有弹性,讲究梳背,就像梳子背的长弧线。背弧的制高点不能太靠后,否则就成了鼠背,显得尾巴收得太急,既不好看,又不能长成大规格鱼。三是尾夹角。尾鳍上翘与背弧形成90°夹角为最理想。尾鳍中心与眼睛高度水平,利于前后重心平衡。尾鳍不能太大,上扬的顶点不能高于背弧。近几年出现的小尾寿,非常符合当代极简审美潮流,显得更萌。但要注意避免尾鳍过小导致头重脚轻(图1-4-99)。

5. 龙背种金鱼外形品赏

龙背种金鱼是金鱼家族的新品系,是龙种金鱼背鳍消失而成。

龙背种金鱼自诞生以来,关于品系归属的问题就争议不断。有人认为其生有

图1-4-99　通背红国寿金鱼——侧视　　图1-4-100　龙背种金鱼

"龙睛",是龙种金鱼的典型特征。也有人认为其光背无鳍,应该归属蛋种金鱼。

直至20世纪80年代,金鱼名家傅毅远先生在著作《中国金鱼》中提出增加"龙背种金鱼(蛋龙)"的学术观点,自此龙背种金鱼才有了明确的品系归属。

龙背种金鱼由于人工培育年代较短,基因不太稳定,而且市场认可度也不太高,所以发展至今,其家族中的固定品种也不多。

目前,市场上比较常见的是望天眼金鱼。这种鱼在北京周边称为"望天眼",而南方地区却一般称为"朝天眼"。望天眼金鱼体形蛋圆,腹部丰腴,背弓顺滑,弧线流畅。其最主要的欣赏焦点在眼睛。

图1-4-101　槑龙金鱼

其以眼眶及眼球向上翻转90°角,瞳孔上视朝天,且左右对称者为佳。若眼球前倾或侧斜,则不足为贵(图1-4-100)。

近年,金鱼玩家在培育传统蛋种鱼的过程中,偶得凸眼变异个体。后经数代品种提纯,其光背龙睛的生理基因趋于稳定,形成龙背种金鱼这种新品种。因其呆头呆脑、憨萌欢趣,故命名"槑龙"(图1-4-101)。

三、赏神

金鱼四赏的第三赏是"赏神",即如何欣赏金鱼的动态美。用白话说就是如何挑选金鱼的游动姿态。

金鱼在静态下形色俱佳,本身就是凝结着传统审美的艺术品(图1-4-102)。而且金鱼相比其他书法、绘画、雕塑等艺术品,最大的亮点就是有生命,是会游动的艺术品,号称水中活牡丹。

图1-4-102 红凤尾龙睛金鱼

金鱼在水中自由徜徉的姿态,能给人带来荡涤心灵的奇妙乐趣,明代张谦德在《朱砂鱼谱》中生动描述:"余性冲澹无他嗜好,独喜汲清泉养朱砂鱼,时时观其出没之趣,每至会心处,竟日忘倦。惠施得庄周非鱼不知鱼之乐,岂知言哉……"

《竹叶亭杂记》对品赏金鱼游姿做了准确描述:"要其于水中起落游动稳重平正,无俯仰奔窜之状,令观者神闲意静,乃为上品"。

如果实在不知道该怎么理解以上描述,就想象一下京剧人物,行走坐卧、举手投足、一板一眼、端庄华贵(图1-4-103)。也可以想象一下敦煌莫高窟壁画中的飞天,宽袍长袖、临风起舞、衣袂飘飘、婀娜妩媚(图1-4-104)。不管哪种风格,都要符合中国传统审美意境。简单说,金鱼游动起来要有型、有范儿。

在挑选金鱼游姿的时候有七点需要注意:

(1)要求游姿平衡、沉稳娴静、不栽不竖、不歪不斜。

(2)要求游动时鱼体轻摆款款而行,既不能呆滞笨拙,也不能摇头晃脑,更不能拼命挣扎(图1-4-105)。

(3)要求浮潜自如。就是游动起来既不能只是沉在缸底拖行,也不能只是漂在水面呆浮。

图1-4-103　京剧人物

图1-4-104　飞天

图1-4-105　金鱼游姿——蛋种

（4）要求鳍条舒展。背鳍要像船帆似的挺立，不可倒伏歪斜；腹下鳍条，要交替划水，不可胡乱摆摇；尾鳍，要张弛有度，撑开时不可僵硬死板、收起时不可累赘拖沓、摆动时不能披散凌乱。适合侧视的立尾要有翘度，适合俯视的大尾要有展度。

（5）要求状态灵敏，但不能惊慌失措。我们可以轻敲盆沿或者缸壁，加以观察和判断。

（6）要求口眼灵动，不能目瞪口呆。口唇，要张合吞吐，不能气喘吁吁；眼睛，要顾盼生辉，不能神情呆滞。

（7）要求附生器官随行而动，不可累赘冗余。比如绒球和水泡，要随着身体动态节奏而摆动飘摇。

图1-4-106　金鱼转身游姿——文种

另外，分享作者本人心得，金鱼最美的游姿是在转身转向的一瞬间。当金鱼身体与尾巴呈流畅的S形时按下快门，就能拍出金鱼的飘逸、妩媚（图1-4-106）。

欣赏金鱼，游姿非常关键。只有动作协调、姿态优美、不疾不徐、款款而动，才能风情万种，尽显"水中仙子"的迷人风采。

四、赏名

金鱼四赏的最后一赏是"赏名"，也就是如何品味雅名。金鱼作为观赏鱼，其首要功能就是要适于鉴赏。金鱼的鉴赏包含视、听两方面。"视"是指观赏，色、形、神俱佳的美鱼能给人带来视觉享受；"听"是指命名，一个既好听又贴切的名字，凸显的是文化，能对金鱼鉴赏起到画龙点睛的作用（图1-4-107）。

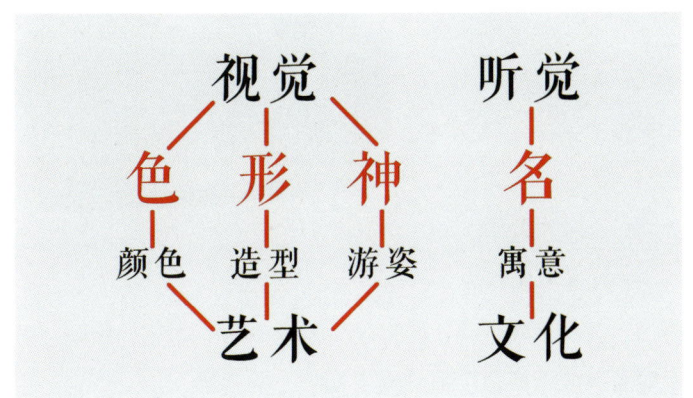

图1-4-107　四赏释义

金鱼五大品系共200多个品种，如此复杂的分类、如此众多的品种，真是千姿百态、姿彩纷呈。有的尾鳍飘遥，有的头面发达；有的花色鲜艳，有的绒球晃摆；有的圆润如珠，有的细瘦纤长。为了更好地品评鉴赏，也为了便于总体管理，人们就对金鱼各品种进行分别命名。

古今中外，金鱼各品种的名称可谓五花八门，古人命名的意境悠远，今人命名的通俗直白；有些承载了观赏者的美好寄托，有些暗含了比喻象形；有的严谨考究，有的随性抒情。经过梳理归纳，金鱼品种名称的由来大致分为四类。

1．依据花色命名

古人对金鱼命名首先是依据花色，这是因为金鱼从诞生之初就是首先从颜色变异引起人们注意的。金鱼的色彩在古人看来是充满诗意的，所以通常使用极富文化内涵的文字来命名，例如：隔断红尘、莲台八瓣、丹金出炉、金瓶玉盖等，给人以无限遐想。鱼以名而雅、名因鱼而活，两厢共映、美不胜收。

然而，过于文雅的命名不够形象，也不利于传播。所以人们往往根据花色采用相对直观的颜色命名，例如：通体红艳，唯独顶茸色白且方正的金鱼花色，称为"玉印"。玉印是玉做之印，色白莹润细腻，是皇权的象征。而鹤顶红、鹅头红、红顶虎等通体皆白，唯独顶茸红艳饱满的金鱼品种，则美誉为"鸿运当头"。金鱼以花色命名，体现了国人的文化品位和文学素养（图1-4-108、图1-4-109）。

图1-4-108　凤尾鹤顶红金鱼

图1-4-109　造景–鸿运当头

2．根据品种特征命名

国人有基于金鱼变异特征命名的惯例，例如：根据眼部特征命名的龙睛、水泡眼、望天眼、蛙眼（图1-4-110）等；根据头部特征命名的狮头、虎头、鹅头等；根据尾型特征命名的短尾、长尾、裙尾等；还有根据其他特征命名的珍珠鳞、透明鳞、翻鳃、绒球等。

3．根据象形命名

人们发挥想象力，把金鱼各品种的变异特征比喻为象形的生物，例如：虎头

图1-4-110　樱花蛙眼金鱼

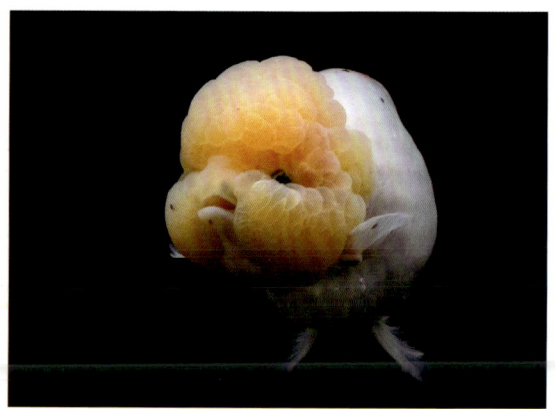

图1-4-111　寿星金鱼

金鱼中，头茸整体极其发达的品种，因其头部神似舞狮活动中的童狮，所以被命名为"猫狮"；而顶茸高耸的品种，因其额头饱满圆润像极了中国神话中的长寿之神，故名"寿星"（图1-4-111）。类似的命名还有蝶尾金鱼等，既生动又传神，已经被广泛接受，从而延传至今。

4．音译命名

随着国际交流的日益频繁，金鱼混血杂交并产生了一些新品种，这些品种多数采用的是音译法。其中比较典型的是兰寿金鱼。清乾隆年间，蛋种金鱼从中国东南沿海传到日本，日本就根据粤语的"蛋种"音译成"兰鋳（ランチュウ）"，也有叫兰虫、卵虫(中文发音"郎秋"）的。20世纪80年代，这种被改良的新品种金鱼被引回国内，与福州寿星金鱼再次杂交成新品种，称为"蘭鱗""兰畴"。起初，这种鱼遵循英文发音（RAN CHU），又因其肥胖迟缓，还被人谐称为"懒猪"，后来因其种系来源中有寿星的基因，所以被命名为"兰寿"（图1-4-112至图1-4-114）。

图1-4-112　日本兰寿金鱼

图1-4-113　中国兰寿金鱼

图1-4-114　《寿比南山》油画

图1-4-115　布里斯托金鱼示意图　　　　　图1-4-116　布里斯托朱文锦

类似的音译命名还有布里斯托朱文锦，其在欧洲原名为"Bristol shubunkin"，引进国内后就直译其原产地布里斯托尔市而命名（图1-4-115、图1-4-116）。

在生活中，人们有根据主产区命名特色金鱼品种的习惯，例如：武汉猫狮、徐州墨龙睛、石家庄鹤顶红、福州兰寿等。

当今，一般采用"色+种+形（特征）"顺序命名。例如：红龙睛翻鳃金鱼，"红"是色，"龙睛"是种，"翻鳃"是特征。具有两个以上品种特征的杂交鱼种，一般按照种系的主次顺序命名，如虎头龙睛金鱼，属龙背种金鱼，主体特征是虎头，辅助特征是龙睛。

关于金鱼的命名，自古以来就是五花八门、良莠不齐。好的名字让人拍案叫绝，能提升金鱼的品位；而差的名字却平淡低俗，只会拉低金鱼的档次。而且，混乱的金鱼品种名称还会导致金鱼品种统计上的困难，造成各地区之间金鱼品种的混淆，让不熟悉金鱼的人摸不着头脑，从而阻碍金鱼推广普及和产业发展。所以金鱼品种命名规则的建立和统一，对金鱼行业来说势在必行。

金鱼品种命名应简明实用、描述准确，让人闻其名而知其形，从而获得广泛认可，具有良好的大众认知度。且立意高雅、内涵深广，能弘扬传统文化并提高国粹品位。例如"朱顶紫罗袍"就是非常成功的一个命名范例。"朱顶"指明这种金鱼头茸紧致高耸，完全区别其他头茸整体巨大的品种，而且朱红正色、鲜艳饱和；"紫罗袍"形容各鳍宽大，柔软飘逸的动人形态。此命名恰如其分地表现了鱼种特征，并且具有高雅的艺术表现力，完全配得上其昂贵的身价。

而反面的例子，例如：引种自中国的龙睛金鱼在日本被称为"出目金"，这是鼓眼金鱼的意思，不但庸俗平淡、气势全无，而且极大降低了此鱼种的文化品位。

当然也有化腐朽为神奇的例子，例如之前提到的兰寿金鱼，因"兰寿"很容易被大众误听成"难受"，从而产生负面歧义。巧合的是，福州是中国兰寿缘起地，培育出的兰寿金鱼品质也代表了国寿金鱼标杆。而且，国寿金鱼的种气本来就有寿星金鱼（虎头）的基因。这种寿星金鱼顶茸发达，像极了大脑门寿星，有福寿延年的美好寓意。因此，国寿金鱼被冠以"福寿"美誉，更具审美价值。

综合来看，金鱼品鉴的特点是"唯人好尚，与时变迁"。也就是说，国人对于金鱼的审美观是与社会、文化、艺术发展息息相关的，具有鲜明的时代特征（图1-4-117、图1-4-118）。

明代文震亨在《长物志》中对此曾有详细记述："鱼类，初尚纯红、纯白。继尚金盔、金鞍、锦被，及印头红、裹头红、连鳃红、首尾红、鹤顶红。继又尚墨眼、雪眼、朱眼、紫眼、玛瑙眼、琥珀眼。金管、银管，时尚极以为贵。又有堆金砌玉、落花流水、莲台八瓣、隔断红尘、玉带围、梅花片、波浪纹、七星纹种种变态，难以尽述。然亦随意定名，无定式也"。从文中可知，古人对于金鱼

图1-4-117　金鱼油画

的好尚经历了一个变化过程。最初喜爱纯红、纯白，继而推崇金、锦等花色，之后崇尚龙睛金鱼等造型奇异的品种，再后来又痴迷于各色花斑组合，并且越加追求高雅精致的命名（图1-4-119、图1-4-120）。

传统审美观延传至今，形成金鱼四赏：赏色、赏形、赏神、赏名。金鱼不仅要颜色美，还要身形美，也要游姿美，更要命名美，最终是养鱼人的内心美。

图1-4-118 《吉财善美》

图1-4-119 《金鱼满堂》

图1-4-120 金鱼满堂文创产品

第二章 正本

第一节
评鉴准则

一、花色斑纹

（1）关键：色彩/花斑（表2-1-1）。
（2）要点：色相、色度、色泽、花斑，要点说明见表2-1-2。

表2-1-1　色彩说明

颜色	分类	色值	色样	说明	备注
红	朱红	R:251 G:79 B:33		正常硬鳞金鱼的朱红色一般由脱色或褪色而成，鉴赏价值较小 软鳞金鱼的朱红色是樱花色、水泡眼金鱼的朱红水泡是朱砂泡，反而具有较高的观赏价值	红忌黄，是指硬鳞红色不能发黄变浅
	大红	R:245 G:0 B:0		大红色是成鱼的标准体色，在硬质鳞片上红色鲜艳、饱满、有光泽，像是樱桃的艳红色	
	深红	R:200 G:14 B:14		深红色常见于红头或者红顶品种的金鱼，如鹅头红，通体银白，唯独顶茸像熟透的樱桃，色泽深沉且温润如玉	
白	银白	R:241 G:246 B:250		硬鳞白色是泛着银光的银白色	白忌腊，是指白色要有光泽
	瓷白	R:247 G:247 B:247		软鳞白色是明亮的瓷白色	
黄	鹅黄	R:251 G:243 B:143		金鱼头茸上呈现出浅浅的鹅黄色	
	柘黄	R:244 G:184 B:53		水泡眼金鱼的皮质水泡会呈现更加清亮通透的柘黄色	
	柠檬黄	R:252 G:222 B:44		柠檬草金的黄色是微微泛绿的柠檬黄色	

续表

颜色	分类	色值	色样	说明	备注
蓝	硬鳞蓝色	R:38 G:71 B:82		硬鳞蓝色是苍蓝色，更强调质感，鱼体反射金属光泽的为上品。蓝色不宜过深，过深则接近黑色，从而失去光泽；也不能过浅，过浅则不能持久，容易褪成白色	
	软鳞蓝色	R:70 G:142 B:188		软鳞蓝色是一种介于天蓝色和天青色之间的云山蓝，更注重色质，既不是太鲜艳又不会太暗淡，清爽而且通透	
黑	黑色	R:0 G:0 B:0		黑色要求浓重、沉厚，就像泼墨一般乌黑	
紫	紫色	R:184 G:115 B:51		紫色中红色成分更多，体色深的像茶褐色、浅的像古铜色	
	雪青	R:189 G:184 B:216		雪青是古人对蓝紫色的传统叫法。这种颜色中，蓝色成分更多，而且比较浅，像是阴天雪地上反射的一种淡淡的蓝紫色	

表2-1-2　花色斑纹各项要点说明

要点	说明	备注
色相	鱼体表色彩的基本特征	
色度	鱼体表色彩的饱和度	
色泽	鱼体表色彩的光泽度	
花斑	鱼体表由色块组合形成的纹理和图形	

二、外观形态（图2-1-1～图2-1-6）

（1）关键：形状/形态。

（2）要点：匀称/对称/协调/流畅（表2-1-3）。

表2-1-3　体态各项要点说明

要点	说明	备注
匀称	鱼体及各部位的比例和谐	
对称	鱼体两侧各部位不但形状相对，而且大小相当	
协调	鱼体各部位配合有序	
流畅	鱼体各部位线条顺展	

（3）依据：体形、鱼鳍、鱼鳞、头茸、眼目（表2-1-4）。

表2-1-4　外观形态的各项依据

要点	说明	备注
鱼体	金鱼各部位的形状和形态	
鱼鳍	金鱼的胸鳍、腹鳍、臀鳍、背鳍、尾鳍，分别起到推进、平衡及导向的作用	
鱼鳞	金鱼体表的扇状表层，呈覆瓦状结构，应规则排列	
头茸	金鱼头部的增生物，一般由顶茸、鳃茸、吻茸组成	
眼目	金鱼的视觉器官，各品种金鱼眼睛形态及辅助结构	

1）鱼体。

①关键：匀称。

②要点：对称/丰润/弧线表（表2-1-5）。

表2-1-5　鱼体各项要点说明

要点	说明	备注
对称	金鱼躯干两侧不但形状相对，而且大小相当	
丰润	金鱼躯干造型饱满，线条圆润	
弧线	金鱼躯干在不同视角下均呈现光滑圆润有弹性的外扩弧线	

2）鱼鳍。

①关键：灵活。

②要点：收放/张力/舒展/夹角/完整/对称/卷折/藏露（表2-1-6）。

表2-1-6　鱼鳍各项要点说明

要点	说明	备注
收放	鱼鳍的游动和静止状态不同，开合自如	
张力	鱼鳍伸张有度，不局促紧缩	
舒展	鱼鳍整体充分伸展	
夹角	尾鳍上翘与躯干形成的夹角合理	
完整	鱼鳍形状完整，不得残缺	
对称	对生鱼鳍不但形状相对，而且大小相当	
卷折	鱼鳍不得卷缩或断折	
藏露	鱼鳍不得外露	

③依据：尾鳍/背鳍/胸鳍/腹鳍/臀鳍（表2-1-7）。

表2-1-7　各部位鱼鳍要点说明

要点	说明	备注
尾鳍	尾鳍位于鱼体末端，是游动的推进器，可在控制运动方向的同时，保持鱼体稳定，是作用最大的鱼鳍	草种金鱼为双尾叶，其他品系均为四片尾叶
背鳍	背鳍是沿着鱼背中线生长的正中鳍，主要起到平衡鱼体的作用	单片
胸鳍	胸鳍位于鱼腹下的鳃孔后侧，对生，是重要的划水器官。类似船桨，起到进退、升降、转向等作用	两片对生
腹鳍	腹鳍位于鱼腹下方，对生。类似船舵，起到转换方向和保持平衡的作用	两片对生
臀鳍	臀鳍位于鱼腹下部、肛门后方，对生。起到保持平衡、配合转向、调整升降的辅助作用	两片对生

3）鱼鳞。

①关键：规整。

②要点：齐全/原生（表2-1-8）。

表2-1-8　鱼鳞各项要点说明

要点	说明	备注
齐全	金鱼体表鳞片完整无缺，且排列规整	
原生	金鱼体表鳞片未曾脱落后再生	

4）头茸。

①关键：有型。

②要点：有型/紧致（表2-1-9）。

表2-1-9　头茸各项要点说明

要点	说明	备注
有型	金鱼头茸形态发育良好，且应方则方、该圆就圆，大小、薄厚符合品种规范	
紧致	金鱼头茸各部位紧实细密不松散	

5）眼目。

①关键：神采。

②要点：对称/顾盼（表2-1-10）。

表2-1-10　眼目各项要点说明

要点	说明	备注
对称	金鱼双眼以及眼型不但形状相对，而且大小相当	
顾盼	金鱼左右顾视，目光炯炯，神采飞扬	

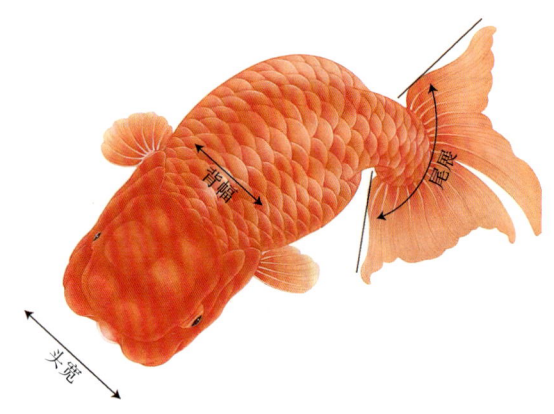

图2-1-6 金鱼测量标准示意图——俯视

三、动静姿态（图2-1-7～图2-1-11）

（1）关键：姿态/状态。

（2）要点：平衡/稳健/舒展/张弛/协调/机敏（表2-1-11）。

表2-1-11 游姿各项要点说明

要点	说明	备注
平衡	金鱼不歪不翻，中正平衡	
稳健	金鱼重心平稳，游动舒缓有力	
舒展	金鱼姿态舒适，放松自然	
张弛	金鱼进退自如，动静相宜	
协调	金鱼游动状态下动作配合度好，呈现出运动美感	
机敏	金鱼机警灵动，反应迅敏	

图2-1-7 草种金鱼游姿示意图　图2-1-8 文种金鱼游姿示意图　图2-1-9 龙种金鱼游姿示意图

图2-1-10 蛋种金鱼游姿示意图　　　　图2-1-11 龙背种金鱼游姿示意图

四、品种特征

（1）关键：品系/品种。
（2）要点：明显/均衡（表2-1-12）。

表2-1-12　品种特征各项要点说明

要点	说明	备注
品系	草种、文种、龙种、蛋种、龙背种共五大品系	
品种	各金鱼品系中遗传特征较为稳定、有固定名称的金鱼种类	
明显	金鱼品种特征清晰，易于辨识	
均衡	金鱼品种特征比例合理、协调美观。不可过度发达，导致失衡	

（一）五大品系典型品种（图2-1-12~图2-1-16）

图2-1-12 草种金鱼典型品种示意图　　　　图2-1-13 文种金鱼典型品种示意图

图2-1-14　龙种金鱼典型品种示意图　　　图2-1-15　蛋种金鱼典型品种示意图

图2-1-16　龙背种金鱼典型品种示意图

（二）典型品种特征的品鉴标准

1. 福寿金鱼

中国兰寿金鱼，诞生于福州，故又名福寿，是蛋种金鱼的典型鱼种（图2-1-17）。其品种特征及品鉴标准见表2-1-13。

图2-1-17　福寿金鱼

表2-1-13　福寿金鱼品种特征及品鉴标准

品种特征		品鉴标准
肥美简约，丰润憨萌	俯视	头方，头部整体呈方形，有力量感，头茸虽然饱满发达，但要求紧实不散，而且口唇不能突出； 背阔，福寿背幅以宽为美，显得厚实。俯视看肚腹左右对称，粗壮饱满； 尾柄粗，尾柄粗壮游动有力量，能保持与头部的前后均衡； 尾展开，尾展虽然不要求打开呈一字形，但也要保持张力； 尾芯不歪，左右尾叶对称
	侧视	头身比，1∶2.5的中长身，较有成长潜质； 背弧，要求圆润有弹性。讲究梳背，就是像梳子背部的长弧线。背弧的制高点不能太靠后，否则尾巴收得太急，既不好看又不能长成大规格鱼； 尾夹角。尾巴上翘与背弧形成90°夹角为最理想。尾巴中心与眼睛高度水平，利于前后重心平衡。尾巴不能太大，上扬的顶点不能高于背弧

2．狮头金鱼。

狮头金鱼是文种，头茸发达且包向两颊，吻凸明显，鳃茸、鬓茸膨大，眼睛陷于其中，像威风凛凛鬣毛卷曲的雄狮。

中国国狮金鱼适合俯视赏头（图2-1-18）、日本日狮金鱼适合俯视赏游姿、泰国泰狮金鱼适合侧视赏尾。其品种特征及品鉴标准见表2-1-14。

图2-1-18　中国国狮

表2-1-14　狮头金鱼品种特征及品鉴标准

品种特征		品鉴标准
头面雄浑威武，尾鳍娇媚婀娜	国狮金鱼头茸	一类是草莓状狮头，方正结实有力量感； 另一类是菊花状狮头，顶茸极其发达，而且松散的造型像是菊花瓣
	泰狮金鱼百褶裙尾	一要褶，没有褶皱的就不算百褶裙； 二要翘，尾叶上下撑开，张力十足，一般跨度在160°左右。尾展跨度如果达到180°，称为一字尾； 三要展，就是尾巴要舒展，从尾根到尾梢都铺陈开，不能有卷折，更不能有残缺、破损； 四要活，泰狮游动起来尾巴要娇媚婀娜，有舞蹈般的艺术表现力

3．虎头金鱼。

虎头金鱼是蛋种，头茸发达紧实，虎头虎脑，背阔腹圆，身形粗壮（图2-1-19）。

其品种特征及品鉴标准见表2-1-15。

图2-1-19 长尾虎头金鱼

表2-1-15 虎头金鱼品种特征及品鉴标准

品种特征	品鉴标准
虎头虎脑，雄健粗壮	头型方正，头茸发达，顶茸厚实，鳃茸丰满。无论头茸多发达，俯视看头型要方正厚实； 吻平而阔，虎头金鱼的吻凸明显，但不会过度夸张； 背幅宽阔且顺滑，腹部丰腴但不可垂坠，俯视粗壮，但是腹宽不能超过头宽； 尾柄粗壮，尾鳍四开且舒展，平背者尾要直，弓背者尾必翘； 头身比1∶1为佳（不含尾鳍）
	虎头金鱼鳍条和尾巴一般短宽，舒展有张力。只有凤尾虎头金鱼例外
	虎头金鱼的头型、身形风格呈现出三大流派：以北京王字虎为代表的传统虎头，以武汉猫狮为代表的猫狮虎头，以福州寿星为代表的寿星虎头

4．猫狮金鱼

猫狮金鱼属于蛋种，是虎头金鱼的一种特殊流派。其头茸发达、体短身圆、鱼鳍短小，粗胖可爱（图2-1-20）。其品种特征及品鉴标准见表2-1-16。

表2-1-16 猫狮金鱼品种特征及品鉴标准

品种特征	品鉴标准
头面硕大，神似童狮	头茸属于极度发达的狮头类型，不但吻凸明显、鳃茸及鬃茸厚实，而且包裹口唇、眼睛。头茸虽松散但圆中见方，且颗粒质感迪透。顶茸为六瓣聚一心者为佳； 背部平直，背幅宽阔，鱼体短圆，头、身、尾各占金鱼全长的1/3为佳； 腹下鳍条短圆，尾鳍四开且舒展、顺直，且有张力
	猫狮虽然以头茸发达为美，但不可过度夸张造成鱼体重心失衡、前倾栽头

图2-1-20　猫狮金鱼

5. 龙睛金鱼

龙睛金鱼是龙种典型品种,眼睛膨大凸出,像是中国传统图腾"龙"的眼睛,故此得名"龙睛"(图2-1-21)。其品种特征及品鉴标准见表2-1-17。

图2-1-21　龙睛金鱼

表2-1-17　龙睛金鱼品种特征及品鉴标准

品种特征	品鉴标准
中国金鱼的形象特征	龙睛主要有算盘珠眼、大眼、蚕豆眼、苹果眼、牛犄角眼等眼型。其中最受欢迎的是算盘珠眼,像是两粒扁圆形算盘珠儿,对称贴附在头部两侧,观赏性极高,是龙睛上品; 龙睛金鱼体形一般短粗,背微弓,体高与体长之比约为3∶4,形态饱满; 四开双垂尾,尾鳍长与鱼体长之比不低于3∶4,以宽大舒展为佳。背鳍挺拔高耸且舒展; 头型整体呈扁方形,顶部平宽,口唇平直

6. 蝶尾龙睛金鱼

蝶尾龙睛金鱼是龙种,由龙睛金鱼培新而成,有蝴蝶一般的尾巴,龙一样的眼睛，琉金一样的背弓，品种特征的观赏性和身形结构的协调性完美结合，前后呼应，珠联璧合。游动起来更是翩翩起舞，像是蝴蝶翻飞，古风古韵，中式典范。

蝶尾龙睛是俯视鱼，适合鱼盆木海这一类的传统容器赏养（图2-1-22）。其品种特征及品鉴标准见表2-1-18。

图2-1-22　蝶尾龙睛金鱼

表2-1-18　蝶尾龙睛金鱼品种特征及品鉴标准

品种特征	品鉴标准
中国金鱼的风格典范	一选尾，龙睛蝶尾金鱼尾巴要有张力，整体都能打开，像是蝴蝶翅膀。尾巴平直形的要打开呈一字，翻翘形的要呈倒弧形。尾叶之间的开角10°左右比较合适，尾叶开角太小容易互相摩擦，开角太大不好看。尾巴前边缘微向下扣，利于划水。尾巴末端不能卷、折，否则会影响观赏效果。一般尾长与身长比例1：1才协调。尾巴小点也没关系，显得精致，但是不能过小，导致与重心失衡。尾巴大点更好，显得飘逸，但是不能过大，否则显得拖沓。而且尾巴要有展度，否则下垂就会显得邋遢； 二选眼，眼形圆润、大小适宜、左右对称为佳。成鱼的眼球前端与口唇平齐者为佳； 三选体，短体且肚腹圆润饱满的好看，且要左右对称，不能偏腹。体形略修长的游姿较平衡，不易前倾或翻肚；尾柄长度适中，太短的易翻，太长的松散； 四选头，头面宽、目距宽的鱼骨架大，能长成大尺寸鱼而且生长速度快； 五选背，龙睛蝶尾金鱼虽然是俯视鱼，但也讲究背弧。高背圆肚且线条流畅的才好看； 六选鳍，鳍条舒展、灵活自如。背鳍高耸，挺立如帆。另外，一般认为胸鳍末端圆润的蝶尾血统才更正宗； 七选鳞，鳞片要求齐全且完整、细密细腻

7．珍珠鳞金鱼

珍珠鳞金鱼是文种，因鳞片凸起似珍珠，故此得名（图2-1-23）。其品种特征及评鉴标准见表2-1-19。

图2-1-23　皮球珍珠鳞金鱼

表2-1-19　珍珠鳞金鱼品种特征及品鉴标准

品种特征		品鉴标准
遍体珠鳞，别具风情	皮球珍珠鳞金鱼	一珍珠鳞。鳞片中央凸起，边缘色深中间色浅，犹如粒粒珍珠，极富立体美感。珍珠鳞自腹部覆盖到脊背，颗粒饱满、排列齐整，背鳍两侧细密，腹部周边圆润。珍珠鳞片缺鳞后不可复原，故不可掉鳞； 二老鼠头。头部尖细，眼睛紧贴，鱼头不能破坏鱼身的球形线条； 三皮球肚。鱼身像充气的皮球一样滚圆，特别是俯视最为明显； 四端肩膀。身体靠近头部的曲线受到压缩，与头部形成90°左右夹角； 五束尾根。尾柄短，尾鳍展开，像是小姑娘束起的马尾辫； 六短鳍条。腹下鳍条虽短小却灵活
	皇冠珍珠鳞金鱼	一体形。皇冠珍珠的体形一般不如皮球珍珠滚圆，俯视看尤为明显； 二尾鳍。皇冠珍珠的尾巴一般比皮球珍珠要宽大一些； 三顶茸。之所以称之为皇冠，是它顶茸极其发达，不但饱满高耸而且光滑圆润，还有玉质通透感。皇冠顶茸完整的像玉珠，两块对生的像心形，无论哪种，都要求中正对称

8．绒球金鱼

绒球金鱼，是金鱼鼻膜增生一对绒球，游动时绒球摇摆，惹人喜爱（图2-1-24）。其品种特征及品鉴标准见表2-1-20。

图2-1-24　文球金鱼

表2-1-20　绒球金鱼品种特征及品鉴标准

品种特征	品鉴标准
随形而动，别有情趣	鼻膜连接绒球的肉茎细长，绒球须硕大圆滚、细密紧实，并且球体大小、颜色左右均衡对称者为佳； 绒球缺失后不可再生复原，所以是重要的品鉴点； 绒球金鱼有文种、龙种、蛋种，还有龙背种，文球金鱼有挺拔的背鳍和宽大的尾鳍； 龙晴球金鱼有背鳍，而且眼睛膨大突出； 蛋球金鱼则无背鳍，背弧光滑平顺，体形短圆如卵； 龙背球金鱼光背无鳍，同时叠加龙晴特征

9. 望天眼金鱼

望天眼金鱼，一般是光背无鳍的龙背种，也称朝天龙。眼睛翻转、瞳孔朝天，表情呆萌，令人观之则喜（图2-1-25）。其品种特征及品鉴标准见表2-1-21。

图2-1-25　望天眼金鱼

表2-1-21　望天眼金鱼品种特征及品鉴标准

品种特征	品鉴标准
呆萌可爱	以眼眶及眼球向上翻转90°角，瞳孔上视朝天，且左右对称者为佳。若眼球前倾或侧斜，则不足为贵； 黑色瞳孔、眼球、眼眶共同构成一组同心圆，俯视欣赏好似三道金色光泽环绕，号称"三环套月"； 望天眼金鱼体形蛋圆，腹部丰腴，背弓顺滑，弧线流畅

10. 水泡眼金鱼

水泡眼金鱼绝大多数是光背无鳍的蛋种，头部两侧对生着像圆球一样的水泡，鱼眼受到水泡挤压向上略微翻起，表情软萌。而且水泡随着身体的游动，前后翻飞，忽扁忽圆，变化万千（图2-1-26）。其品种特征及品鉴标准见表2-1-22。

图2-1-26　水泡眼金鱼

表2-1-22　水泡眼金鱼品种特征及品鉴标准

品种特征	品鉴标准
软萌灵动	双泡浑圆、饱满，摆动有弹性且有颤动。双泡要求左右对称，且色彩一致。水泡以大为佳，但是过大就会导致鱼体重心前置，游动失衡，反而失去观赏性；体形蛋圆，尾柄粗，腹部丰腴，背呈弓形，弧线流畅；尾鳍长超过全长的1/3，是双开下垂尾。尾鳍鳍条有张力，游动时要求舒展

11．琉金金鱼

琉金金鱼是文种，体高与体长几乎相等，侧视饱满浑圆（图2-1-27）。其品种特征及品鉴标准见表2-1-23。

图2-1-27　琉金金鱼

表2-1-23　琉金金鱼品种特征及品鉴标准

品种特征	品鉴标准
圆润饱满 似元宝	一体短身圆，侧视角度琉金金鱼身体接近正圆形，背部高耸，腹部沉圆，上下两条弧线要饱满充盈，整体组成圆滚滚的大元宝形； 二背高腹沉，背峰自头后急速隆起呈100°左右夹角，并在到达制高点后快速下降，线条形似驼峰。肚腹膨大饱满，像是皮球，线条的下沉最低点靠后腹部； 三头尖顶平，头部整体形态类似鼠头，尖圆且不起顶茸； 四短尾大鳍、宽尾长鳍。琉金金鱼无论短尾、长尾、宽尾，都要背部鳍高耸挺立，腹下鳍低平舒展，且鳍条宽大者更利于游动

12. 鹤顶红金鱼

鹤顶红金鱼是文种，鱼体色银白，泛着银质光泽；鳍条舒展，尾叶宽大；顶茸方正，细密紧实，色彩浓艳，似仙鹤红冠，故名鹤顶红（图2-1-28）。其品种特征及品鉴标准见表2-1-24。

图2-1-28　鹤顶红金鱼

表2-1-24　鹤顶红金鱼品种特征及品鉴标准

品种特征	品鉴标准
飘逸洒脱	一是帽子要红，红色浓艳、色质浓厚、质感细腻，有着红宝石般的温润光泽； 二是只能帽子红，身体其他各处不能有杂色，连个小红点都不能有。红帽的边界是前不能到嘴，后不能过顶； 三是鳞片银光闪闪，泛着微蓝的金属质感，且排列齐整细密光洁； 四是鳍条舒展，背鳍高耸挺立，腹下鳍条低平舒展，尾鳍四开且有张力
	俯视欣赏，红色大帽子盖在头上，是看不见眼睛的； 侧视观赏，红色大帽子是顶在头上，高高隆起的

13. 丹凤金鱼

丹凤金鱼是蛋种,也称蛋凤,适合俯视观赏。这种鱼不发头、不起鳃,眼睛不变异,光背无鳍,但是凤尾宽大,游姿飘逸,像是画中飞天,仙气十足,美称"丹凤朝阳"(图2-1-29)。其品种特征及品鉴标准见表2-1-25。

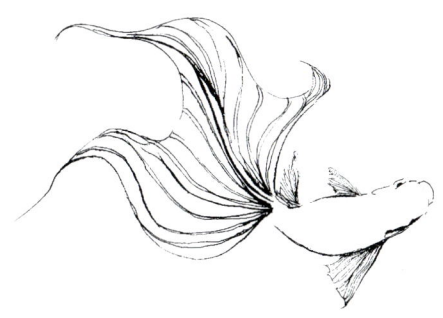

图2-1-29　丹凤金鱼

表2-1-25　丹凤金鱼品种特征及品鉴标准

品种特征	品鉴标准
衣袂飘飘	一翘噘嘴。头形尖圆,平顶不发头茸,口唇微翘; 二平直背。鱼体侧视背部弧线平顺,俯视头尾尖细,肚腹丰腴,呈枣核型; 三桃叶鳍。胸鳍修长且灵动; 四竹叶尾。尾鳍宽长,一般尾鳍长与身长比例1∶1,甚至更长

14. 王字虎头金鱼

王字虎头金鱼是蛋种,观赏点集中在头部,尤其顶茸发达,隐隐可见"王"字,王字虎头威名由此而得(图2-1-30)。其品种特征及品鉴标准见表2-1-26。

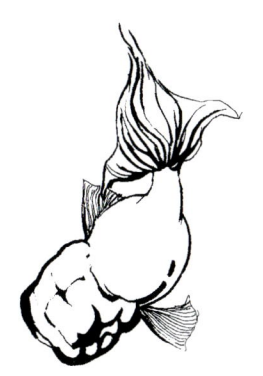

图2-1-30　王字虎头金鱼

表2-1-26　王字虎头金鱼品种特征及品鉴标准

品种特征	品鉴标准
霸气王者	薄鳃高头，吻瘤突出，头形整体呈方形； 平背活尾，游姿沉稳雄健； 体色以通体彤红者为佳，并以红至鳍尖尾尖者为上
	王字虎头金鱼是慢成鱼，2～3年后才有明显品种特征，4～5龄才迎来观赏巅峰

15．鹅头红金鱼

鹅头红金鱼是蛋种，也称额头红。基本特征是白鳞红顶、冠似鹅头、光背无鳍（图2-1-31）。其品种特征及品鉴标准见表2-1-27。

图2-1-31　鹅头红金鱼

表2-1-27　鹅头红金鱼品种特征及品鉴标准

品种特征	品鉴标准
鸿运当头	一赏头。要求吻平、头宽、不起鳃，鹅冠高耸厚实，类似文种的高头型。质感细腻温润，色彩醇厚浓郁，犹如红宝石； 二赏体。头身比1∶2的中身最耐看。俯视背幅宽阔，侧视平直顺滑。肚腹要丰腴； 三赏鳞。鳞片细腻，银光闪闪，泛着微蓝的金属质感； 四赏尾。鹅头红金鱼凤尾的要宽大且舒展，短尾的要顺直且有张力

16．草金鱼

草金鱼是草种，也称金鲫鱼，民间称"金鱼儿"，是体形最接近其始祖形态的金鱼（图2-1-32）。其品种特征及品鉴标准见表2-1-28。

图2-1-32 长尾草种金鱼

表2-1-28 草金鱼品种特征及品鉴标准

品种特征	品鉴标准
原生天然体似金梭	一看体型。这种金鱼俯视看鱼体又扁又长，侧视看头尖尾长、腹圆背高，像是织布的梭子； 二看眼型。草种金鱼是正常眼型，无膨凸无变异； 三看尾形。无论长短，都是双叶尾，分上下两叶，呈燕尾的剪刀状，这是草种金鱼的独有尾形。其他品系金鱼都是三尾或者四尾

第二节
品质等级

一、品级划分

品级:特级(珍品)、一级(精品)、二级(良品)、三级(常品)、四级(下品)、五级(末品)。

二、品级评定

金鱼根据本书附录《金鱼赛事评审规程》(概要版)中的评分细则,采用"百分制"+"附加分"进行品级评定。品级评定表见表2-2-1。

表2-2-1　金鱼品级评定表

品级	得分	说明	备注
特级(珍品)	100分及以上	体态完美、花斑独特、姿态舒展、特征突出	金鱼赛事获奖鱼,全年全国屈指可数
一级(精品)	90~99分	体形周正、色彩浓艳、游姿稳健、特征明显	整体达到赛级品质,可满足发烧鱼友鉴赏
二级(良品)	80~89分	整体均衡,有一处或几处欣赏点	具备欣赏价值,可成为鱼友生活伴宠
三级(常品)	70~79分	平庸无优点,但无明显瑕疵	可饲喂于盆缸,满足家庭装饰点缀需求
四级(下品)	60~69分	整体不协调,存在明显缺陷	仅可用于大水体群游、远观
五级(末品)	59分及以下	严重畸形或伤病	淘汰鱼,不具备喂养价值

三、附加分细则(10分)

金鱼品级评定附加分细则见表2-2-2。

表2-2-2　金鱼品级评定附加分细则

类项	附加分	标准	说明
花色	加1~3分	花斑名贵且视觉惊艳	如图案规整的熊猫龙睛蝶尾金鱼
规格	加1~3分	体形巨大，有视觉冲击力	鱼体规格超出相同品种平均规格20%及以上
创新	加1~3分	成功的创新品种、优化的传统品种	
印象	加1分	基于金鱼艺术表现力，评委的总体印象或主观感受加分	

说明：附加分4项累加，满分不超过10分

第三章

图典

一、草种金鱼

红白短尾草种金鱼

金色短尾草种金鱼

红顶中长尾草种金鱼

第三章 图典

其他草种金鱼图典

红白透明鳞长尾草种金鱼

二、文种金鱼

虎纹短尾琉金金鱼

凤尾红顶白高头金鱼（凤尾鹤顶红金鱼）

五花红顶短尾狮头金鱼

紫凤尾高头绒球文种金鱼

其他文种
金鱼图典

红顶五花珍珠鳞金鱼

三、龙种金鱼

十二红龙睛蝶尾金鱼

红白龙睛凤尾绒球金鱼

第三章 图典

黑龙睛蝶尾金鱼

黑白龙睛蝶尾金鱼（熊猫蝶尾金鱼）

朱顶红黑龙睛红绒球金鱼

第三章 图典

其他龙种
金鱼图典

四、蛋种金鱼

红顶五花水泡眼金鱼

红虎头金鱼（王字虎头金鱼）

水墨丹凤金鱼

第三章 图典

紫蛋高头球金鱼

赏鱼艺术 中国金鱼评鉴

其他蛋种
金鱼图典

水墨兰寿金鱼（国寿金鱼）

五、龙背种金鱼

红望天眼绒球金鱼

红白望天眼绒球金鱼

紫白蛙头绒球金鱼

附录

附录1

美鱼品赏

附图1　丹凤金鱼

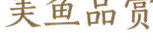

附图2　蛋球金鱼

附图3　蝶尾金鱼

附图4　红蛋球金鱼

附图5　蓝丹凤球金鱼

附图6　蓝凤高背金鱼

附图7　蓝五花丹凤球金鱼

附图8　蛙眼金鱼

附图9 紫丹凤球金鱼

附图10 紫凤尾水泡眼金鱼

附图11 紫高头蛋球金鱼

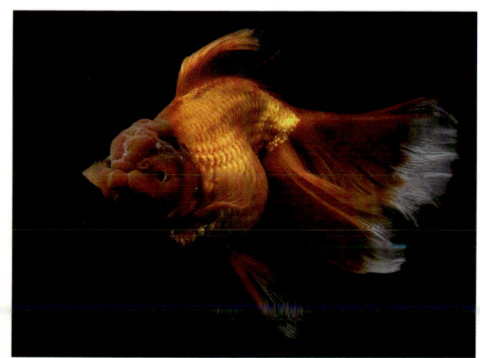

附图12 紫长尾狮头金鱼

附录2

金鱼赛事评审规程（概要版）

1. 评审内容

金鱼赛事评审内容包括：花色斑纹；外观形态；动静姿态；品种特征。

2. 评审流程

金鱼赛事评审分初赛、复赛、决赛三个阶段。评审程序见图附1。

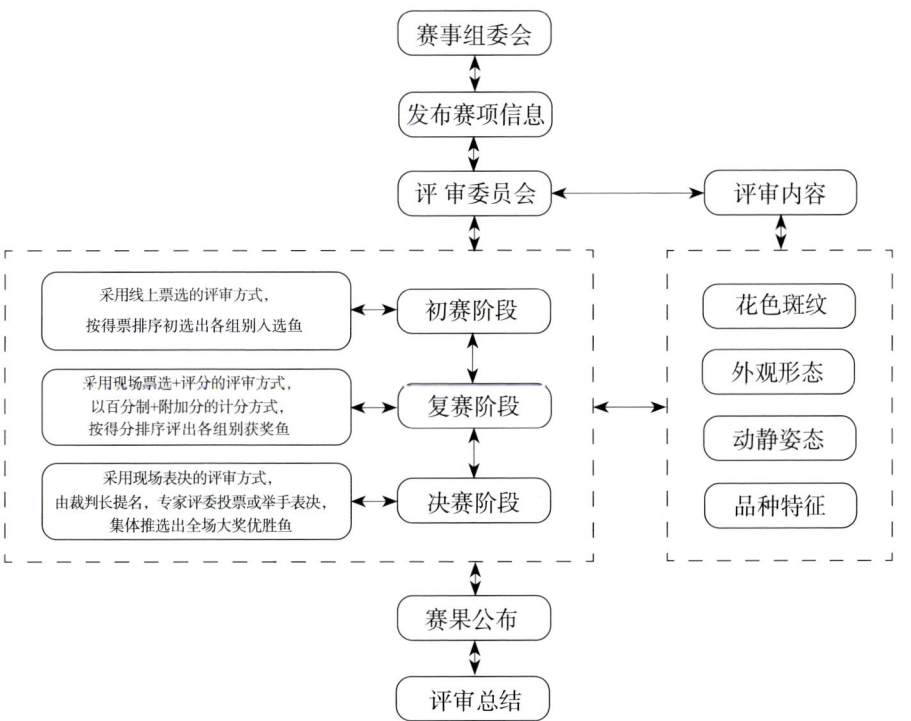

图附1　评审程序图

3. 初赛

3.1 评审方式

初赛阶段采用线上票选的评审方式,按得票排序初选出各组别入选鱼。

3.2 初赛规则

——参加初赛者应按照组委会要求,拍摄参赛金鱼的多角度游姿视频,以及侧视、俯视、前视各角度静态照片,在规定时间内上传至赛事官网或指定链接。

——参赛者上传视频和照片,前期拍摄不得使用滤镜,后期不得调色。

——上传视频应为.mp4格式原片,时长60~100秒。上传照片应为jpg.格式原图,大小1~3MB。

——参赛者根据组委会设定的金鱼组别自愿报名参赛。

——赛事专家评委按照组别进行线上投票评审。

——各组别得票排序前20名的金鱼入选复赛,第21~25名作为候补。

——入选复赛的参赛者应遵照组委会的控食、增氧、水质包装等要求,在指定时间将入选复赛的金鱼寄送至赛事指定地点。

4. 复赛

4.1 评审方式

复赛阶段采用现场票选+评分的评审方式,以"百分制"+"附加分"的计分方式,按得分排序评出各组别获奖鱼。

4.2 复赛规则

——专家评委在不拆除透明包装袋的情况下,对参加复赛的各组金鱼,从俯视和侧视、前视等多角度观察,进行立体评审。依据花色斑纹、外观形态、动静姿态、品种特征进行综合评判。

——专家评委依据评选标准,以投票方式选出各组别入围决赛的12条金鱼。

——专家评委依据评分细则,对入围决赛的金鱼单独赋分后填写评分表。

——赛事组委会工作人员对评分表汇总后计算入围决赛的金鱼平均分。

——如出现等分情况,由专家评委投票推选排序。

——各组别得分排序前10名的金鱼移至展示区入缸展出。其中前3名分获各组别冠、亚、季军。

——各组别第11、12名金鱼为候补。

5. 决赛

5.1 评审方式

决赛阶段采用现场表决的评审方式，由裁判长提名，专家评委投票或举手表决，集体推选出全场大奖优胜鱼。

5.2 决赛规则

——在获得各组别冠军的金鱼中，推举产生全场总冠军、年度寿王、年度狮王、年度传承奖、年度创新奖、最佳色彩奖、最佳形象奖、最佳姿态奖、最佳特征奖、最佳表现力奖，共10项全场大奖。非特殊情况，不得空缺。

——各组别冠军被推选获得全场大奖后，本组亚军递补为冠军，季军递补为亚军，依次类推。第11名金鱼递补移入展示区入缸展出。

——如本组别出现2条金鱼获全场大奖的情况，则依据规则，第12名金鱼递补移入展示区入缸展出。

——未入缸展出的金鱼，由组委会工作人员及时寄送返还参赛者。

6. 评分细则

6.1 花色斑纹（30分）

金鱼花色斑纹评分细则附表1

附表1　金鱼花色斑纹评分细则

得分	标准
28~30分	色彩的色度（饱和度）、光泽度、对比度都具有艺术表现力； 花斑颜色组合主次分明、大小得宜，具备美学风范； 远观近赏均为视觉享受
25~27分	色相纯正、色泽亮丽、色质醇厚、色彩和谐； 花斑独特、色块对比鲜明
22~24分	色彩较为鲜艳且基本协调、色泽比较光润； 花斑分布较有特征、色块轮廓较清晰
19~21分	色彩不够鲜艳、光泽度一般； 花斑分布美观度较为一般、色块轮廓较模糊
1~18分	色彩灰沉或浅淡、色泽暗淡且缺乏光亮、花斑琐碎或分布凌乱

6.2 外观形态（20分）

金鱼外观形态评分细则见附表2

附表2　金鱼外观形态评分细则

得分	标准
19~20分	体态端庄、丰腴有度、平和稳健、器宇轩昂，具有独特的品种特质和个体气质，具有视觉审美层面的感染力
17~18分	体态健壮、丰肥圆润、鱼体完全对称、体形匀称、比例协调； 诸鳍齐全且藏露得当、鱼鳍对称且中正、鳍条舒展无卷折； 鳞片规整有光泽； 眼睛对称且灵敏； 头茸有型且紧致
15~16分	鱼体基本标准，有一定肥度，鱼体基本对称，比例基本协调； 鳍条略有卷折、鱼鳍基本对称划水功能正常，尾鳍四开、背鳍基本立起，但鳍尖有倒伏； 鳞片偶有掉鳞或再生； 眼睛发育正常； 头茸基本具备头型特征
13~14分	鱼体瘦弱、弧线不够饱满圆润、比例失衡； 尾鳍拖沓不舒展、臀鳍有缺失或外露、鳍条明显卷折、背鳍倒伏不挺拔； 鳞片凌乱或缺失后再生； 眼睛不对称或眼神呆滞； 头茸松散
1~12分	严重伤病残缺； 脊背扛枪带刺或明显凹凸不平； 鳞片凌乱或严重缺失； 鳍条散乱且严重卷折、尾鳍粘连不开或尾芯明显偏斜； 明显大小眼

6.3 动静姿态（20分）

金鱼动静姿态评分细则见附表3

附表3　金鱼动静姿态评分细则

得分	标准
19~20分	姿态优雅、不疾不徐、款款而动、动作协调、张弛有度，散发风情万种的迷人气息，尽显"水中仙子"的迷人风采
17~18分	游姿平衡、沉稳娴静、浮潜自如，鳍条收放自如，眼神灵动，各附生器官随形而动且不累赘冗余
15~16分	游姿正常，游动起落基本稳重平直，不侧偏、不倒悬、不栽不竖、不歪不斜，静止时诸鳍基本舒展但鳍尖略垂
13~14分	呆滞笨拙、神情涣散、悬浮停滞、鳍条拖沓不舒展、胸鳍胡乱划水、动作不协调
1~12分	游姿歪斜、摇摆不稳，严重前倾或竖立栽头、侧倾或仰浮、卧缸懒动或奔窜失措

6.4 品种特征（30分）

金鱼品种特征评分细则见附表4

附表4　金鱼品种特征评分细则

品种	得分	标准
福寿金鱼	28~30分	侧视丰润饱满憨萌肥美、俯视头方背阔尽显宽厚； 鱼体线条组合极简且优美，符合当代大众对卡通萌宠的审美需求
	25~27分	整体呈卵圆形，身形比例协调； 背弧圆润有弹性； 侧视尾夹角90°、臀鳍内藏； 俯视背幅宽阔、肚腹圆润且对称、胸鳍短却灵活、腹鳍与臀鳍均不外露； 尾柄粗壮有力、尾展160°左右且舒展有度、尾芯中正； 头茸发达且头型方正； 硬鳞鳞片齐整且完整、细密且细腻； 眼睛神采飞扬
	22~24分	头身比1：2~1：3之间，背弧隆起肚腹沉圆、整体近圆形； 头茸发育一般，眼睛与口唇完全外露；侧视尾夹角近90°、尾鳍硬度基本合理； 俯视背幅宽度与肚腹肥度匹配得当、腹鳍偶有露出、尾展140°左右且四尾打开，硬鳞鱼背部鳞片规整度欠佳； 眼神灵动机敏
	19~21分	头身比过短易栽头，或头身比过长显细弱，头茸发育不佳、尖嘴薄鳃； 侧视背弧不圆润或脊背不平顺、尾夹角大于100°或小于80°； 俯视背幅窄尾柄细、尾展打开小于120°，或尾芯略偏、尾巴过大造成尾尖高过背弧，或尾巴过小导致重心失衡； 硬鳞鱼鳞片粗硬松散或有乱鳞现象； 眼睛呆滞不灵活
	1~18分	鱼体有明显残疾缺陷； 整体比例严重失衡； 严重前倾甚至栽头，明显侧倾甚至翻肚； 脊背扛枪带刺或明显凹凸不平； 严重偏腹； 单臀鳍，腹下鳍条明显不对称，尾鳍粘连不开或严重断裂卷折，尾芯明显偏斜； 硬鳞鱼鳞片明显错乱或严重掉鳞
狮头金鱼 （国狮）	28~30分	狮头金鱼头面雄浑威武，尾鳍娇媚婀娜；头茸极其发达且包向两颊，吻凸明显，鳃茸、鬓茸膨大，眼睛陷于其中，像威风凛凛鬣毛卷曲的雄狮
	25~27分	头茸整体极其发达，包裹眼睛、口唇，尤其吻凸明显、鳃茸厚实； 草莓状狮头，方正结实有力量感； 菊花状狮头，顶茸极其发达，而且松散的造型像是菊花瓣； 体形饱满紧凑呈蛋圆形； 侧视顶茸高耸，脊背线条微弓有弹性，背鳍挺拔无倒伏，腹部线条肥圆，尾鳍微翘且舒展无卷折，臀鳍内藏； 俯视肚腹饱满且对称，尾鳍宽大且有张力，四尾大开达140°以上，且展开宽度大于尾长度； 硬鳞鱼鳞片通体齐整且完整、细密且细腻

附录

续表

品种	得分	标准
狮头金鱼（国狮）	22~24分	成鱼头茸发达但略显蓬乱，俯视头宽明显大于腹宽； 俯视只见顶茸但不可见眼睛，侧视鳃茸发达但不遮挡眼睛； 鱼体呈蛋圆形，侧视脊背基本平直，腹部饱满沉圆，臀鳍不外露，尾鳍微翘； 俯视腹下鳍条基本对称，背鳍可挺立但顶端略有倒伏，尾鳍四尾打开，游动时基本做到收放自如； 硬鳞鱼鳞片排列规整
	19~21分	头茸发育不佳或头型结构松垮； 鱼体过于粗短或细瘦； 脊背有凹凸导致线条不顺滑； 鳍条有明显卷折，背鳍明显倒伏，臀鳍不对称或外露，尾鳍张力不足缺乏翘度，尾叶绵软导致拖沓； 鳞片粗硬松散或有乱鳞现象； 眼睛呆滞不灵活
	1~18分	鱼体有明显残疾缺陷； 体长尾短比例严重失衡； 严重前倾甚至栽头，明显侧倾甚至翻肚； 脊背歪斜不正； 严重偏腹； 背鳍严重断裂，腹下鳍条左右明显不对称，单臀鳍，尾鳍粘连不开或严重卷折； 鳞片严重错乱或严重掉鳞
虎头金鱼（含寿星）	28~30分	头茸发达，虎头虎脑，背幅宽厚，鱼体粗壮，演绎出威武雄健的独特气质
	25~27分	头茸发达、头型方正； 顶茸厚实、鳃茸丰满，质感紧实； 体形短圆紧凑结实，整体粗壮健硕； 侧视脊背线条平直顺滑，腹部线条丰腴； 俯视背幅宽阔，尾柄粗长； 尾鳍宽大，四尾大开达140°以上，且展开宽度等于或大于胸鳍撑开宽度； 平背者尾要直，弓背者尾必翘； 尾短者尾要宽，尾长者尾要展； 硬鳞鱼鳞片通体齐整且完整、细密且细腻
	22~24分	成鱼头茸发达但略显松散，俯视头宽大于腹宽； 俯视只见顶茸但不可见眼睛，侧视鳃茸发达但不遮挡眼睛； 侧视脊背基本平直，尾巴基本顺平，腹下鳍条偶有卷折，臀鳍对称； 俯视头、身、尾各占金鱼全长的1/3，四尾打开120°左右且游动时基本做到收放自如； 背部鳞片规整度略欠佳
	19~21分	头茸发育不良或头型结构松垮； 鱼体过于短粗易栽头，或过于纤瘦显细弱； 侧视背线不圆润或脊背不平顺；俯视背幅窄尾柄细； 腹下鳍条有明显卷折，臀鳍不对称或明显外露； 尾鳍过软导致绵软拖沓或尾展打升小于100°，缺乏张力，尾必不止； 鳞片错乱不齐整或局部掉鳞； 眼睛被完全包裹于头茸内

续表

品种	得分	标准
虎头金鱼（含寿星）	1～18分	鱼体有明显残缺变形； 头重尾轻严重失衡，导致严重前倾甚至栽头，或明显侧倾甚至翻肚； 脊背扛枪带刺或明显凹凸不平； 严重偏腹； 腹下鳍条左右不对称，单臀鳍，尾鳍粘连不开或严重断裂卷折，尾芯明显偏斜； 鳞片明显错乱或严重掉鳞； 眼神死板呆滞
猫狮金鱼	28～30分	头面硕大，神似童狮，顶茸为六瓣聚一心； 兼具"粗茸、疏背、活尾"三大特征
猫狮金鱼	25～27分	头茸整体极其发达，包裹眼睛、口唇，尤其吻凸明显、鳃茸及鬓茸厚实； 头茸虽松散，但圆中见方，且颗粒质感通透； 体形短圆紧凑结实，整体粗壮健硕； 侧视脊背线条平直顺滑； 俯视背幅宽阔，尾柄粗长，尾鳍宽大，四尾大开达140～160°，且展开宽度等于或大于胸鳍撑开宽度； 硬鳞鱼鳞片通体齐整且完整、细密且细腻
猫狮金鱼	22～24分	成鱼头茸发达但略显蓬乱，俯视头宽明显大于腹宽； 俯视只见顶茸但不可见眼睛，侧视鳃茸发达但不遮挡眼睛； 侧视脊背基本平直，尾巴基本顺平，腹下鳍条偶有卷折，臀鳍对称； 俯视头、身、尾各占金鱼全长的1/3，四尾打开120°左右且游动时基本做到收放自如； 背部鳞片规整度略欠佳
猫狮金鱼	19～21分	头茸发育不佳，鱼体过于短粗易栽头，或过于纤瘦显细弱； 侧视背线不圆润或脊背不平顺； 俯视背幅窄尾柄细； 腹下鳍条有明显卷折，臀鳍不对称或明显外露； 尾鳍过软导致绵软拖沓或尾展打开小于100°，缺乏张力，尾芯不正； 鳞片错乱不齐整或局部掉鳞； 眼睛被完全包裹于头茸内
猫狮金鱼	1～18分	鱼体有明显残缺变形； 头重尾轻严重失衡，导致严重前倾甚至栽头，或明显侧倾甚至翻肚； 脊背扛枪带刺或明显凹凸不平； 严重偏腹； 腹下鳍条左右不对称，单臀鳍，尾鳍粘连不开或断裂卷折，尾芯明显偏斜； 鳞片明显错乱或严重掉鳞
龙睛金鱼	28～30分	龙睛最受欢迎的是算盘珠眼，像是两粒扁圆形算盘珠儿，对称贴附在头部两侧，观赏性极高，是龙睛上品，极具中国金鱼的形象特征
龙睛金鱼	25～27分	龙睛圆大端正，且形状、大小、颜色均完全对称；俯视体形饱满圆润呈蛋圆形； 头形扁方，顶部宽，口唇平直； 尾鳍长度达金鱼全长的1/2，四尾大开160°左右，且舒展飘逸； 侧视背弧圆润，腹部沉圆，背鳍挺拔高耸，尾鳍翘度合理； 硬鳞鱼鳞片通体齐整且完整、细密且细腻

续表

品种	得分	标准
龙睛金鱼	22～24分	双眼膨大凸出，贴附于头部两侧；瞳孔、眼球均为正圆且边界清晰，眼神机敏； 俯视鱼体短圆，腹下鳍条基本对称，臀鳍对称且内藏，背鳍可挺立但顶端略有倒伏，尾鳍长度接近金鱼全长的1/2，四尾打开140°左右且游动时基本做到收放自如； 侧视脊背弧线顺滑，肚腹圆润； 尾鳍游动时略收拢，静浮时舒展但略垂； 硬鳞鱼鳞片排列规整
龙睛金鱼	19～21分	双眼大小和颜色明显不对称，或者龙睛过大造成鱼体前倾； 瞳孔模糊眼神涣散； 鱼体过度短粗或细瘦；俯视有偏腹现象； 侧视脊背上弓弧线不顺滑； 鳍条有明显卷折，背鳍明显倒伏，臀鳍不对称或外露，尾鳍长度短于金鱼全长的1/3，四尾打开120°左右，但绵软拖沓； 硬鳞鱼鳞片有乱鳞现象或粗硬松散
龙睛金鱼	1～18分	双眼形状明显差异或龙睛特征不明显； 鱼体有明显残疾缺陷； 体长尾短比例严重失衡； 严重前倾甚至栽头，明显侧倾甚至翻肚； 脊背歪斜不正； 严重偏腹； 背鳍严重断裂，腹下鳍条左右明显不对称，单臀鳍，尾鳍粘连不开或严重卷折； 硬鳞鱼鳞片严重错乱或严重掉鳞
龙睛蝶尾金鱼	28～30分	蝴蝶一般的尾巴，龙一样的眼睛，琉金一样的背弧，品种特征的观赏性和身形结构的协调性完美结合，前后呼应，珠联璧合； 游动起来更是翩翩起舞，像是蝴蝶翻飞； 古风古韵，中式典范
龙睛蝶尾金鱼	25～27分	龙睛圆大端正，且形状、大小、颜色均完全对称； 尾鳍长度达金鱼全长的1/2甚至更长，四尾大开铺陈水中，尖缘翻翘伸展至鳃部，尾鳍呈"V"形或"X"形，舒展飘逸如蝴蝶展翅； 俯视体形饱满圆润呈蛋圆形；头形扁方，顶部平宽，口唇平直； 侧视背弧圆润，腹部沉圆，背鳍挺拔高耸； 胸鳍宽大，边缘圆润；尾鳍侧视翘度合理，游动时边缘无卷折，静浮时舒展但略垂收； 硬鳞鱼鳞片通体齐整且完整、细密且细腻
龙睛蝶尾金鱼	22～24分	双眼膨大凸出，贴附于头部两侧； 瞳孔、眼球均为正圆且边界清晰，眼神机敏； 尾鳍长度接近金鱼全长的1/2，四尾打开180°，甚至翻翘至225°，且游动时基本做到收放自如； 俯视鱼体短圆，腹下鳍条基本对称，臀鳍对称且内藏，背鳍可挺立但顶端略有倒伏； 侧视脊背弧线顺滑，肚腹圆润； 硬鳞鱼鳞片排列规整

续表

品种	得分	标准
龙睛蝶尾金鱼	19～21分	双眼大小和颜色明显不对称； 瞳孔边界模糊眼神涣散； 尾叶间开角小于10°，导致互相摩擦； 尾鳍长度短于金鱼全长的1/3，四尾打开小于180°且绵软拖沓； 鱼体过度短粗或细瘦； 俯视体形过于短粗或细瘦，有偏腹现象； 侧视脊背上弓弧线不顺滑； 鳍条有明显卷折，背鳍明显倒伏，臀鳍不对称或外露； 硬鳞鱼鳞片有乱鳞现象或粗硬松散
	1～18分	双眼形状明显差异或龙睛特征不明显； 尾鳍打开小于160°，且粘连不开或严重卷折； 鱼体有明显残疾缺陷； 体长尾短比例严重失衡； 严重前倾甚至栽头，明显侧倾甚至翻肚； 脊背歪斜不正； 严重偏腹； 背鳍严重断裂，腹下鳍条左右明显不对称，单臀鳍； 硬鳞鱼鳞片严重错乱或严重掉鳞
珍珠鳞金鱼（皮球珍珠鳞）	28～30分	珍珠鳞、皮球肚、老鼠头、端肩膀、束尾根、短鳍条； 珠圆玉润，遍体珠鳞，别具风情
	25～27分	珍珠鳞自腹部覆盖到脊背，颗粒饱满、排列齐整，背鳍两侧细密，腹部周边圆润。俯视鱼体犹如皮球般滚圆，且身体靠近头部的曲线受到压缩，与头部形成90°左右夹角，犹如端肩膀； 尾鳍宽大且四尾大开近180°，舒展有力，要求展开宽度大于胸鳍撑开宽度； 侧视脊背平直，肚腹沉圆，背鳍挺拔无倒伏，臀鳍内藏； 眼睛神采飞扬
	22～24分	珍珠鳞片中央凸起，边缘色深中间色浅，犹如粒粒珍珠，基本无缺鳞掉鳞； 俯视肚腹肥圆，呈饱满的正圆形； 俯视头部尖圆，双眼贴附头部两侧且完全对称； 尾柄较短； 腹下鳍条短小但灵活有力，背鳍可挺立但顶端略有倒伏，尾鳍四尾打开160°左右且游动时基本做到收放自如； 眼神灵动机敏
	19～21分	珍珠鳞排列不规整或隆起不明显； 鱼体过于细瘦椭长； 俯视肚腹不丰满或有明显偏腹，尾柄过于细长； 鳍条有明显卷折，背鳍明显倒伏，臀鳍不对称或外露，尾鳍缺乏张力或绵软拖沓； 眼睛呆滞不灵活
	1～18分	鱼体有明显残疾缺陷； 严重前倾甚至栽头，明显侧倾甚至翻肚； 脊背歪斜不正； 严重偏腹； 背鳍严重断裂或完全倒伏，腹下鳍条左右明显不对称，单臀鳍，尾鳍粘连不开或严重卷折； 珍珠鳞片严重错乱或严重掉鳞； 双眼不对称

附录

续表

品种	得分	标准
绒球金鱼	28～30分	金鱼鼻膜对生绒球，圆大且端正，游动时绒球摇摆，随形而动，别有情趣，惹人喜爱
	25～27分	绒球圆大而致密，形状、大小、色彩完全对称； 具有装饰美感
	22～24分	绒球正圆呈球状； 大小基本对称； 色彩鲜艳且一致； 双球距离紧凑，且无垂吊感
	19～21分	绒球大小、色彩不对称； 质感松散； 双球距离过远不紧凑； 松垮有垂吊感
	1～18分	绒球缺失、残损，或严重不对称
望天眼金鱼	28～30分	体形蛋圆，腹部丰腴，背弓顺滑，尾鳍舒展；黑色瞳孔、眼球、眼眶共同构成一组同心圆，俯视欣赏好似三道金色光泽环绕，号称"三环套月"； 表情呆萌，令人观之则喜
	25～27分	眼眶膨大凸出且圆形饱满，左右对称且色彩一致； 眼球端正水平，瞳孔乌黑且眼球、眼眶环状均呈正圆形； 不起顶革，背幅宽阔、肚腹饱满且对称，尾柄粗壮，尾芯中正，尾鳍四尾大开160°左右，舒展有张力，要求尾展开宽度约等于尾长度； 侧视背弓顺滑且腹部弧线圆润，尾鳍顺平，游动时略收拢，静浮时舒展但略垂； 硬鳞鱼鳞片通体齐整且完整、细密且细腻
	22～24分	双眼对称，瞳孔、眼球、眼眶均为正圆且边界清晰，瞳孔上视朝天； 俯视背幅宽肚腹圆； 侧视背弓顺滑，尾鳍平直舒展； 腹下鳍条基本对称但偶有卷折，臀鳍基本对称且不外露，尾鳍四尾打开140°左右，且游动时基本做到收放自如； 硬鳞鱼背部鳞片规整度一般
	19～21分	眼眶小且不圆润，瞳孔边界不清晰或圆形不规则，眼球侧斜或前倾； 眼睛呆滞不机敏； 鱼体过度短粗或细瘦； 侧视脊背明显凹凸不平或起弓不顺直； 腹下鳍条有明显卷折，臀鳍不对称或外露，尾鳍过软导致绵软拖沓； 硬鳞鱼鳞片有乱鳞现象或粗硬松散
	1～18分	双眼明显不对称或高低不平； 鱼体有明显残疾缺陷； 过肥短或过细瘦导致鱼体比例严重失衡； 严重前倾甚至栽头，明显侧倾甚至翻肚； 脊背扛枪带刺或歪斜不正； 严重偏腹； 腹下鳍条严重断裂或左右明显不对称，单臀鳍； 尾鳍严重卷折，尾芯歪； 硬鳞鱼鳞片严重错乱或严重掉鳞

续表

品种	得分	标准
水泡眼金鱼	28～30分	朱眼或朱泡,双泡膨大、浑圆,随着游动前后翻飞,忽扁忽圆,变化万千; 体形蛋圆,背阔腹圆,背呈弓形弧线流畅,尾柄粗; 腹下鳍条舒展,尾鳍宽大飘逸
	25～27分	水泡饱满,左右对称且色彩一致,摆动有弹性且有颤动; 双泡整体横向宽度与体长(不包括尾鳍)的比例约为1∶1.1; 俯视头尖吻圆,瞳孔乌黑且周圈环状呈正圆形; 不起顶茸,背幅宽阔、肚腹饱满且对称,尾柄粗壮,尾芯中正,尾鳍长度大于金鱼全长的1/3,四尾大开舒展有张力,要求展开宽度大于双泡总宽度; 侧视背弓顺滑且腹部弧线圆润,尾巴顺平,游动时略收拢,静浮时舒展但略垂; 硬鳞鱼鳞片通体齐整且完整、细密且细腻
	22～24分	水泡大小适中,双泡整体横向宽度与体长(不包括尾鳍)的比例约为1∶1,且形状和颜色基本对称; 眼睛基本对称且眼神机敏; 俯视背幅宽肚腹圆; 侧视背弓顺滑; 腹下鳍条基本对称但偶有卷折,臀鳍基本对称且不外露,尾鳍长度约等于金鱼全长的1/3,四尾打开具有一定张力且游动时基本做到收放自如; 硬鳞鱼背部鳞片规整度一般
	19～21分	水泡大小和颜色明显不对称,或者水泡过大造成鱼体前倾、过小不具备品种特征; 眼睛呆滞或不对称; 鱼体过度短粗或细瘦; 侧视脊背明显凹凸不平或起弓不顺直; 腹下鳍条有明显卷折、臀鳍不对称或外露,尾鳍长度短于金鱼全长的1/3; 硬鳞鱼鳞片有乱鳞现象或粗硬松散
	1～18分	水泡破裂; 鱼体有明显残疾缺陷; 体长尾短比例严重失衡; 严重前倾甚至栽头,明显侧倾甚至翻肚; 脊背扛枪带刺或歪斜不正; 严重偏腹; 腹下鳍条严重断裂或左右明显不对称,单臀鳍; 尾鳍严重卷折或过软导致无张力,尾芯歪; 硬鳞鱼鳞片严重错乱或严重掉鳞
琉金金鱼 (短尾)	28～30分	鱼体极度圆润饱满,背峰自头后急速隆起,并在到达制高点后快速下降,线条形似驼峰; 肚腹膨大饱满,线条的下沉最低点靠后腹部,如怀抱皮球; 鱼体侧视接近正圆形,像是圆滚滚的大元宝
	25～27分	体短身圆,背峰高耸,腹部膨大沉圆,上下两条弧线饱满充盈; 头部整体形态类似鼠头,尖圆且不起顶茸,腹下鳍条短宽且灵活有力,背鳍挺拔无倒伏,尾鳍张力十足且舒展有翘度; 硬鳞鱼鳞片通体齐整且完整、细密且细腻;眼睛神采飞扬

续表

品种	得分	标准
琉金金鱼（短尾）	22～24分	鱼体短圆，背弓明显隆起； 肚腹较圆润； 头部尖圆无增生变异；腹下鳍条基本对称，尾鳍四尾打开具有一定张力，背鳍可挺立但顶端略有倒伏； 硬鳞鱼鳞片排列规整； 眼神灵动机敏
	19～21分	鱼体细长，背弓不明显或弧线不顺滑； 肚腹不丰满或有明显偏腹； 鳍条有明显卷折，背鳍明显倒伏，臀鳍不对称或外露，尾鳍缺乏张力不够舒展； 硬鳞鱼鳞片粗硬松散或有乱鳞现象； 眼睛呆滞不灵活
	1～18分	鱼体有明显残疾缺陷； 头身或身尾比例严重失衡； 严重前倾甚至栽头，明显侧倾甚至翻肚； 脊背明显歪斜； 严重偏腹； 背鳍严重断裂或完全倒伏，腹下鳍条左右明显不对称，单臀鳍，尾鳍严重卷折或过软导致无张力； 硬鳞鱼鳞片严重错乱或严重掉鳞； 眼睛变异或不对称
鹤顶红金鱼	28～30分	鱼体银白，鳞片细密齐整且泛着微蓝的银质光泽； 顶茸高耸且厚实，色彩浓艳且温润如红宝石，红色前不到嘴后不过背，形状整齐、边界清晰，似仙鹤红冠； 素身红顶，红白相映对比鲜明，鳍条舒展灵动，像仙鹤翩翩起舞，演绎出飘逸洒脱的独特美感
	25～27分	体形饱满紧凑且比例协调； 侧视顶茸膨凸，脊背弓起有弹性，背鳍挺拔无倒伏，腹部线条沉圆，尾巴舒展且无卷折，臀鳍内藏； 俯视顶茸丰润饱满且质感细腻，鳃吻平滑无增生，肚腹饱满且对称，尾鳍宽大且有张力； 鳞片细密有金属质感； 通体无红色斑点； 眼睛神采飞扬
	22～24分	头身比1∶1.5～1∶2之间； 成鱼顶茸发育状况一般且不够紧实，俯视可看到眼睛，腹下鳍条基本对称，尾鳍四尾打开，背鳍可挺立但顶端略有倒伏； 侧视脊背弧线顺滑，尾巴略悬垂； 鳞片有光泽但缺乏金属质感； 腹下局部有红色斑点； 眼神灵动机敏
	19～21分	鱼体过于粗短或细瘦； 顶茸发育不佳或松散粗糙； 脊背上弓弧线不顺滑； 鳍条有明显卷折，背鳍明显倒伏，臀鳍不对称或外露，尾鳍缺乏张力不够舒展； 鳞片像蜡质无光泽，且粗硬松散或有乱鳞现象； 鱼体多处有零星红斑。眼睛呆滞不灵活

续表

品种	得分	标准
鹤顶红金鱼	1~18分	鱼体有明显残疾缺陷； 体长尾短比例严重失衡； 严重前倾甚至栽头，明显侧倾甚至翻肚； 脊背歪斜不正；严重偏腹； 背鳍严重断裂，腹下鳍条左右明显不对称，单臀鳍，尾鳍粘连不开或严重卷折； 鱼体有明显红斑； 鳞片严重错乱或严重掉鳞
丹凤金鱼	28~30分	翘噘嘴、平直背、桃叶鳍、竹叶尾；鳞片细密、凤尾飘逸、妩媚婀娜，像是画中飞天，仙气十足
	25~27分	成鱼尾长大于体长，脊背线条平直顺滑、头尾尖细肚腹丰腴，鱼体整体呈饱满的枣核形； 头部尖圆，口唇微翘，眼神灵动顾盼生姿； 鳍条修长且宽大； 尾鳍薄如蝉翼，游动时四尾大开且飘摇，静止时铺陈于水中且略垂，臀鳍藏于尾鳍内不外露； 硬鳞鳞片通体齐整且完整、细密且细腻； 眼睛神采飞扬
	22~24分	成鱼尾长等于体长，鱼体呈纤长尖细的梭形； 平顶不发头茸，眼睛不变异； 鳍条偶有卷折； 尾鳍游动时基本做到收放自如，臀鳍基本对称且不外露； 背部鳞片规整度略欠佳； 眼神灵动机敏
	19~21分	成鱼尾长短于体长，鱼体过度肥胖或细瘦；脊背明显凹凸不平； 鳍条有明显卷折、臀鳍不对称或外露； 鳞片有乱鳞现象或粗硬松散； 眼睛呆滞不灵活
	1~18分	鱼体有明显残疾缺陷； 体长尾短比例严重失衡； 严重前倾甚至栽头，明显侧倾甚至翻肚； 脊背扛枪带刺或歪斜不正； 严重偏腹； 鳍条严重断裂或左右明显不对称，尾鳍粘连不开或严重卷折，单臀鳍； 硬鳞鱼鳞片严重错乱或严重掉鳞； 眼睛明显不对称
王字虎头金鱼	28~30分	头方背阔，平背活尾，吻瘤突出，薄鳃高头，顶茸厚实且隐隐可见"王"字； 成鱼游姿沉稳雄健，透出王者霸气
	25~27分	头身比1∶3左右，体型短圆紧凑结实，整体粗壮健硕； 顶茸高耸，鳃茸平直，吻凸明显； 侧视脊背线条平直顺滑； 俯视背幅宽阔，尾柄粗长； 尾鳍宽大，展开宽度等于或大于胸鳍撑开宽度； 体色以通体彤红为佳，并以红至鳍尖尾尖者为上； 鳞片通体齐整且完整、细密且细腻

续表

品种	得分	标准
王字虎头金鱼	22~24分	成鱼头茸发达但松散，俯视头宽与腹宽基本相当； 俯视只见顶茸但不可见眼睛，鳃茸薄且平； 侧视脊背基本平直，尾巴基本顺平，腹下鳍条偶有卷折，臀鳍对称且不外露； 俯视尾鳍长度约等于金鱼全长的1/3，四尾打开140°左右，且游动时基本做到收放自如； 背部鳞片规整度略欠佳
	19~21分	头身比过短易栽头，或头身比过长显细弱； 头茸发育不佳，俯视可看到眼睛，嘴尖头窄； 侧视脊背凹凸不平或弓背不直； 俯视背幅窄尾柄细； 臀鳍外露，尾鳍短小，尾芯不正，尾展打开小于120°缺乏张力； 鳞片错乱不齐整或局部掉鳞； 眼睛被完全包裹于头茸内
	1~18分	头茸严重发育不良；鱼体有明显残疾缺陷； 身形结构比例严重失衡； 严重前倾甚至栽头，明显侧倾甚至翻肚； 脊背扛枪带刺或歪斜不正； 严重偏腹； 腹下鳍条不对称，单臀鳍，尾鳍粘连不开或断裂卷折，尾芯明显偏斜； 鳞片严重错乱或严重掉鳞； 眼睛呆滞死板
鹅头红金鱼	28~30分	成鱼素身红顶，红白相映简洁且鲜明； 顶茸似鹅冠高耸且嘴前不到嘴后不过背，俯视顶茸膨凸略宽于肚腹； 鳞片细密光滑且银光闪闪； 鱼体线条极简且优美，有着优雅从容的高贵气质
	25~27分	体形短圆紧凑且比例协调； 侧视顶茸高耸厚实，脊背线条平直且腹部线条圆润，尾巴顺平，臀鳍内藏； 俯视吻平而阔，顶茸圆润饱满且细腻温润如红宝石，头宽但不起鳃，背幅宽阔、肚腹饱满且对称，尾柄粗壮，尾展160°左右，且舒展宽大，尾芯中正； 鳞片细腻有金属质感； 通体无红色斑点； 眼睛神采飞扬
	22~24分	头身比1:2~1:2.5之间； 成鱼顶茸发育一般，俯视可看到眼睛，顶茸宽度与肚腹肥度基本匹配，尾展140°左右，且四尾打开，游动时基本做到收放自如； 侧视脊背基本平直，尾鳍顺平； 鳞片有光泽但缺乏微蓝的金属质感； 腹下局部有红色斑点； 眼神灵动机敏
	19~21分	顶茸发育不佳或松散不实，嘴尖头窄； 头身比过短易栽头，或头身比过长显细弱； 侧视脊背凹凸不平或起弓不顺直； 俯视背幅窄尾柄细；尾展打开小于120°缺乏张力，尾芯不正； 鳞片像蜡质无光泽，鳞片错乱不齐整或局部掉鳞； 鱼体多处有零星红斑； 眼睛呆滞不灵活

续表

品种	得分	标准
鹅头红金鱼	1~18分	顶茸严重发育不良，顶红形状凌乱、边界模糊； 鱼体有明显残疾缺陷； 整体比例严重失衡； 严重前倾甚至栽头，明显侧倾甚至翻肚； 脊背扛枪带刺或明显凹凸不平； 严重偏腹； 腹下鳍条不对称，单臀鳍，尾鳍粘连不开或断裂卷折，尾芯明显偏斜； 鱼体有明显红斑； 鳞片严重错乱或严重掉鳞； 眼睛明显不对称
草金鱼（长尾）	28~30分	体如金梭，机敏灵动； 尾似长巾，舒展飘逸； 诸鳍皆长，衣袂飘飘，转婉回眸，如长袖仙子
	25~27分	成鱼尾长大于体长；俯视鱼体扁长； 侧视背弓线条饱满有弹性、头部尖圆肚腹丰腴，鱼体呈饱满丰润的梭型； 眼神灵动顾盼生姿； 鳍条修长且宽大； 尾鳍薄如蝉翼但张力十足，游动时舒展飘摇、静止时尾尖略垂； 硬鳞鳞片通体齐整且完整、细密且细腻； 眼睛神采飞扬
	22~24分	成鱼尾长等于体长，鱼体呈纤长尖细的梭形； 平顶不发头茸，眼睛不变异； 鳍条偶有卷折，臀鳍左右对称； 尾鳍分为上下两叶，呈燕尾的剪刀状，游动时基本做到收放自如； 硬鳞鱼鳞片排列规整； 眼神灵动机敏
	19~21分	成鱼尾长短于体长，鱼体过度细瘦不丰满； 脊背明显凹凸不平； 鳍条有明显卷折、臀鳍不对称，尾鳍绵软导致拖沓； 硬鳞鱼鳞片有乱鳞现象或粗硬松散； 眼睛呆滞不灵活
	1~18分	鱼体有明显残疾缺陷； 严重前倾甚至栽头，明显侧倾甚至翻肚； 脊背歪斜不正； 严重偏腹； 背鳍严重断裂，腹下鳍条明显左右不对称，单臀鳍，尾鳍严重卷折； 硬鳞鱼鳞片严重错乱或严重掉鳞

7. 赛果公布

7.1 成绩公示

决赛结束当日晚21：00前，赛事官网公示入围名单。

7.2 异议仲裁

7.2.1 如参赛者对入围名单有异议，应在官网公示后的2小时内以书面形式向赛事组委会提出仲裁申请。

7.2.2 赛事组委会应在24小时内向异议者反馈仲裁结果。

7.3 获奖公告

7.3.1 赛事组委会应在决赛当日晚24：00前通知入围者参加次日举行的颁奖仪式。

7.3.2 赛事组委会应在颁奖仪式中公布获奖成绩。

7.3.3 赛事组委会应在颁奖仪式后发布赛果公告、新闻通告。

后记

历时两载，本书终于结册付梓，笔者感悟良多。

本书的撰写计划缘起于十年前，决定完成由"金鱼文化"和"金鱼美学"组成的金鱼专著两部曲。十年间，笔者扎根传统文化，立足古典美学，深入钻研中国金鱼鉴赏，传承赏鱼艺术非遗技艺。全情投入，借鉴世界各金鱼品种品评标准、全面研究中国金鱼赛事评审标准，从未停止奔波于全国各地拍摄精品金鱼影像资料的脚步。

成书过程几易其稿，在借鉴与原创、传承与创新之间反复寻找平衡点。在国际惯例和中国传统之间，在大众认知和个人观点之间，不断权衡、斟酌。定稿后，又多方约请金鱼领域专家、前辈学者，帮助审稿。书中所用金鱼图片，为保证图片质量，专门购置专业摄影器材和灯光设备，甚至拍照鱼缸都是专门设计定制而成。而精益求精的态度和多年的专业实践，让我们锻炼出一支极富战斗力的金鱼拍摄专业团队。

同时，笔者深深感谢对本书提供无私帮助的领导、同仁。感谢家人对我"玩物丧志"的包容；感谢「金鱼满堂」文创团队的共同努力；感谢学院的各级领导，长久以来对我教学工作之余"不务正业"的理解；感谢省市两级宣传、教育、媒体部门领导的帮助；感谢石家庄市农业农村局陈玉山、高峰等领导的支持；感谢河北省市两级水产技术推广站闫保国、曹英杰等多位领导的支持；感谢中国休闲垂钓协会金鱼分会余鹏、吴畏、何雨洋、许晟等诸位专家的全力支持；感谢中国渔业协会金鱼分会樊东仁、叶其昌、曹峰、黄宏宇、王喆等专家的大力帮助；感谢上海水产大学何为教授，无私分享金鱼拍摄技巧及布光要领；感谢精品金鱼场曹丙军、罗家俊、李沛然、冯继生、周喜喜、张文博、刘志宾、张文春、李永杰、潘国诚、苗健、王加振等业内好友提供精品金鱼图片；感谢周广胜、吕铁元、林欣、尤春雨、子青左、郭志学、杨联国、张建林、薛铭、黄烨、王云鹤、任常斌、张雷、张东义、郭凯磊、王超义、孟松松、张文松、张松伟、王义堂、董良、张国富、曹磊、王自勇、邵辉、陈洋、李鹏、袁方圆、郑昱、李云朋、刘旭、张建林、秦锋、刘勇、张玮等艺术家提供绘画、书法及设计作品图片。特别感谢青年书法家崔胜军先生为本书题名。

笔者是金鱼爱好者，同时也是传统金鱼文化研究者，更是金鱼美学追求者。金鱼的使命就是呈现美、传播美，这种美是有生命的美。明代著名书画收藏家、鉴赏家、文学家张谦德在《朱砂鱼谱》中曾有生动描述："余性冲淡，无他嗜好，独喜汲清泉，养朱砂鱼，时时观其出没之趣，每至会心处，竟日忘倦，惠施得庄周非鱼不知鱼之乐，岂知言哉！"

希望凭借我们的努力，科普鉴赏知识，树立品评标准；提高大众审美，传播生活美学；填补产业空白，促进行业发展；复兴传统文化，坚定文化自信。

我们共勉！

许广彤

2023年10月6日